德国式简单生活
365

〔日〕门仓多仁亚 著

颜尚吟 译

山东人民出版社·济南

图书在版编目（CIP）数据

德国式简单生活365／（日）门仓多仁亚著；颜尚吟
译.——济南：山东人民出版社，2019.2
　ISBN 978-7-209-11381-6

　Ⅰ．①德… Ⅱ．①门… ②颜… Ⅲ．①生活－知
识 Ⅳ．①TS976.3

中国版本图书馆CIP数据核字(2018)第052408号

山东省版权局著作权合同登记号　图字：15-2017-217

德国式简单生活365

DEGUOSHI JIANDAN SHENGHUO 365

〔日〕门仓多仁亚 著　颜尚吟 译

主管部门　山东出版传媒股份有限公司
出版发行　山东人民出版社
出 版 人　胡长青
社　　址　济南市英雄山路165号
邮　　编　250002
电　　话　总编室（0531）82098914
　　　　　市场部（0531）82098027
网　　址　http://www.sd-book.com.cn
印　　装　济南新先锋彩印有限公司
经　　销　新华书店

规　　格　32开（128mm×188mm）
印　　张　10.5
字　　数　200千字
版　　次　2019年2月第1版
印　　次　2019年2月第1次
印　　数　1—8000
ISBN 978-7-209-11381-6
定　　价　58.00元
如有印装质量问题，请与出版社总编室联系调换。

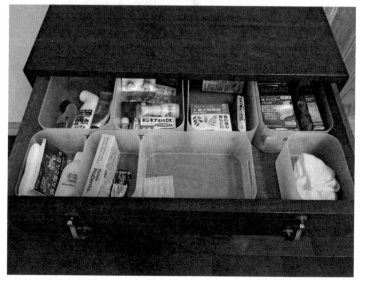

目 录

April
May
Jun

4　5　6
月　月　月

工作告一段落 4月1日（星期三）

工作告一段落，来杯啤酒简直太惬意了！此刻，我正坐在修缮一新的天王洲商业区的"T. Y. HARBOR"餐厅。这几天，空气尚未变得潮湿，但冬天已经远去，到了最适合在户外活动的时节。一直关在屋子里工作，视野会变得越来越窄。可来到户外就不一样了，看一看天空，感受无边无际的开阔感，心情也跟着开朗起来，在很短的时间内就能让自己焕然一新。

今天去青森 4月2日（星期四）

今天，由于工作安排，我搭乘新干线去了青森的八户市。虽然距离有点远，但是很享受这段"无"的旅途。带上自己喜

欢的报纸和书籍，买一杯咖啡，在火车上消磨时间，心情就同周日窝在自家沙发里没什么两样。鹿儿岛和东京的樱花都已经过了花期，八户的樱花却还没结花骨朵儿。日本这个国家还真是挺辽阔的！

复活节　4月3日（星期五）

大概是因为在日本待的时间有点久了，收到德国友人寄来的复活节彩蛋时，我才突然意识到这周末就是复活节了。复活节一般在每年春分月圆之后的第一个星期日举行。在德国，复活节的象征物有兔子、小鸡、羔羊、鸡蛋等。节日期间，超市和面包房会大量出售仿照这些象征物的形状制作出来的点心。

厨房的橱柜 4月7日（星期二）

像厨房这种每天都要使用的空间，一旦感觉用起来不顺手，就说明需要整理了。我能够比较集中地利用早上的时间，所以今天起得特别早，4点半起床，这样就多出一个小时的时间来整理水槽上方的橱柜。

首先，面对橱柜站定，好好打量一番，找找问题在哪儿。接着，在脑中想象每天在厨房里的动作。到底是哪里不顺手呢？东西太多了？东西都放在一块儿，用起来不方便？常用的东西放得太靠后，不方便取放？找到问题所在之后，就该琢磨对策了。有没有什么好的方法呢？能不能让橱柜里的东西少放一些？试着转移到别的地方行不行，或者改变一下收纳方法？如果橱柜内部空间充足，是不是可以增加搁板？

由于水槽上方的橱柜无法再增加搁板，所以我决定把厨房物品按常用和不常用分类，减少厨房收纳物品的数量。另外，

我重新调整了贴在篮子上的分类标签，类似"咖啡和茶""干货、烘焙"这样，做了大致的分类。对于那些虽然想吃却从未动过、以后也不会吃的东西，还是下定决心全部处理掉吧。袋泡茶之类全拆掉包装，收进罐子保存。

给那些不知从何下手的朋友的整理建议：

1. 所有看不顺眼的物品都拿出来，放在地上。

2. 物品归类。

3. 扔掉不需要的物品。

4. 准备好箱子来收纳已经分类的物品，清空的箱子或新买的收纳箱都可以。

5. 常用的物品放在最方便取用的位置，同时使用的物品最好放在一起。

6. 偶尔用到的物品可以放在靠后的位置，一些囤货也可以储存在隐蔽一点的位置。

7. 实际使用后再进行微调。

左 / 把开封后会用很久的粉状物品全放入储存容器保存。右 / 在纸胶带上做好标记，并贴在盒子上。

前往德国的旅行准备　4月8日（星期三）

　　后天，我要跟先生一起回德国参加外祖父的一周年忌日。出门的时间大约一周，所以一只行李箱就能装下我和先生的行李。每次快要出远门时，我都会提前两三天把行李箱打开，放在客厅的一角，一想到有什么要带的东西，马上装进箱子。因为有一些日常使用的东西也会带上，所以直到出发前一刻，箱子才能锁上。

　　旅行时着装的基本搭配是运动鞋、耐脏耐磨的裤子和聚餐时穿的礼服。这次除了扫墓之外，我还要同外祖父的友人和她的女儿共进午餐，所以带了一条藏蓝色连衣裙、一双长筒靴。德国现在的气温还不高，我又带了一件可以叠穿的高领打底衫和一条围巾。用包袱皮来收纳洋装十分方便，比如，聚餐时穿的裙子可以叠好后用包袱皮打包，然后装进行李箱。

出发！ 4月10日（星期五）

今天早上起得比平时早，5点就起床了。我们一直坐那趟午后出发的航班前往德国，因为有充裕的时间，可以在出发前做好准备，不用手忙脚乱的。

冲完澡后，我对行李做最后的检查，看看是不是有东西落下。护照、现金、机票这三样东西一定不能落下，所以又确认了一遍。考虑到一下飞机就要用到现金，我就把上次旅行时剩下的一些欧元放进钱包。为了方便在机场之类的地方快速拿出来，我把护照装在有拉链的塑料收纳袋里，然后放进手包。有时候需要签字什么的，所以我还放了一支笔。在国外用不到的银行卡留在家中，但是信用卡至少要随身带两张，以便应对不同的刷卡限制。把今天的晨报装进背包，出发！

德国也已是春天　4月10日（星期五）

　　我们于下午4点半抵达法兰克福，日期还没有翻页。这趟飞机一般都比较准时。在酒店登记入住后，首要任务就是打开行李箱，把洋装挂起来，将个人清洁用品摆在洗漱台上，收拾完这些，很快就可以出门了。

　　我一直觉得，这个到达时间简直太完美了。此时，日本已是深夜，是最容易犯困的时候，如果我这个时候躺下睡觉，半夜就会醒来，时差的影响会一直存在。我对付时差的方法，就是在抵达目的地后按照当地的时间正常活动。我和生活在法兰克福的妹妹约好在常去的"伊吕波"日式料理店碰头，聊天吃饭，"汇报"近况，尽可能地畅谈到深夜，然后才回酒店休息。运气好的话，可以一觉睡到大天亮。如果第二天早上6点之后才醒，那就说明我已经成功克服时差的影响。

草莓小铺 4月13日（星期一）

德国露天种植草莓的时间是4月到9月，天冷的时候也会有从北非等地进口的草莓，但与露天种植的相比，香味到底还是要差一些。在柏林，只要到了草莓旺季，商家就会在车站搭起形似草莓的小铺，售卖当天早上采摘的新鲜草莓。我一下电车就在车站里闻到了草莓香甜的气息！在这种香气的吸引下，我也赶紧排队购买。行色匆匆的乘客们也顾不上洗一洗，一边赶路，一边直接把草莓塞进嘴里津津有味地吃起来。

扫墓 4月15日（星期三）

今天是外祖父的忌日，早上6点，我们搭乘ICE（城际高速铁路）列车出发，前往杜伊斯堡。这个时节，白天的日照时

间开始一点点变长，正是气候宜人的时候。本应是天气多变的季节，今年天却持续放晴，真是运气好。我在中央车站下车后，转坐优步车，再穿过熟悉的街道就到家了。门口的草坪绿莹莹的，十分茂盛，番红花也正次第开放。去年外祖父去世时开得正旺的丁香花，今年也如约盛开了。

外祖父母长眠的墓地位于森林之中。说是墓地，其实更像是一座公园。其中，有年代久远的墓碑，也有最近简单地摆上一块石头做记号的坟墓。有不少人把铁锹、铁桶、喷壶和花苗装在自行车篮里，到这里来种花。比起插在花瓶里，我们还是把花种在土地里更合适。得益于今天的好天气，大家一大早就来到墓地拾掇。

扫墓结束后，我来到外祖父90岁生日时聚餐的那家餐厅，和外祖父生前的好友见面。这个季节，正值白芦笋上市。回想起外祖父在世时，我每年都很期待品尝新鲜上市的白芦笋。于是，我点了份白芦笋配荷兰酱。上菜后，每人分到五六根手指粗细的白芦笋，味道十分鲜美，很快就被一扫而光。

草本茶　4月16日（星期四）

　　德国人比较相信人的自愈能力，一旦遇到身体不适，首先会选择自然疗法。其中，最为流行的一种治疗方法就是喝草本茶。在超市里，人们可以买到各种各样适用于不同症状的草本茶。我共买了7种茶，先生因为不适应这里的气候喉咙痛，现在正在喝有杀菌消炎效果的鼠尾草茶。

回到东京　4月17日（星期五）

　　下午2点多，我们乘坐的飞机降落在成田机场。下飞机后，搭电车回家。一回到家，第一件事就是打开行李，把里面的东西整理归类：伴手礼集中放在一起，该收起来的东西收起来，该清洗的衣物扔进洗衣机，并把腾空的行李箱收进橱柜。

不同功效的草本茶。

虽然我会犯困，但如果这个时候午睡就没法倒时差了，所以我选择出去散步一个小时。充足的日照可以帮自己的身体慢慢适应日本的时间。回家途中顺便买了点蔬菜，晚上准备做 Kaltes Essen（无须加热的料理）。真是久违的自炊！

简单的午餐 4 月 20 日（星期一）

今天一整个上午都在谈工作，到了午饭时才结束。于是，我请客人等 20 分钟，做一顿简便的午餐。菜品是烤鸡腿肉、沙拉和面包。在烤鸡肉的同时，准备好色拉调味汁和蔬菜，切好面包，拿出黄油。我一边聊天一边做好了这些准备工作。

烤鸡腿的鸡皮十分酥脆，受到了客人的极大好评！在客人的要求下，我告诉了他们烤鸡腿的做法。首先，鸡腿要用少许盐和胡椒粉腌制（也可以把迷迭香等自己喜欢的香料捣碎后撒

鸡肉上面压上厚底的锅。

上，或者撒上辣椒粉之类的香辛料），然后整只鸡腿涂抹橄榄油（或其他食用油）。煎锅充分加热后调至中火，将鸡腿带皮一侧朝下放入锅中。煎鸡腿的窍门在于要在鸡腿上施加重物，使鸡皮尽可能大面积地与煎锅接触。我是把比煎锅小一圈的单把锅压在鸡腿上来达到这种效果的。首先，直接把锅放在鸡腿上，煎的时候，鸡皮不断地溅出油，要用厨房抹布把油迹擦干净。随时观察鸡皮的状态，等到鸡皮金黄发酥的时候，把鸡腿翻面继续煎，直到熟透为止。煎好的鸡腿出锅，放在砧板上稍微凉一会儿（此时如果马上切开会有大量汁水流出），然后切成适合食用的大小即可。

乡间小路　　4 月 21 日（星期二）

今天在宇都宫工作，回家的路上顺便到刚开门的农产品直

销店"乡间小路上户祭店"逛了一下。店里出售各种各样的新鲜蔬果,十分符合我的口味。用店里的蔬菜制作而成的各种副食品也摆满了货柜的一角。因为我知道它所使用的原材料非常安全,所以对品质完全放心。整个直销店里分布着各色小店,最吸引我的是一家由女性蔬菜专员负责的新鲜果汁店。店员推荐的国产血橙*汁的鲜艳色泽让我大吃一惊,尝试之后发现甜度和酸度都刚刚好!真是太好喝了!

演讲会的准备　4月22日(星期三)

我在电视上看到一期横纲相扑手白鹏关出镜的NHK(日本放送协会)访谈节目。在采访中,有一句话让我大为震动,

---

* 血橙是橙子的一种,因其果肉为鲜血般的深红色而得名。

不禁心想，原来我也一直都是和他一样的态度！是这样的，每次比赛之前，白鹏关的准备练习都只做到七成，这样一来，他正式比赛的时候会有一种紧张感，要的就是这种感觉。其实，我这个人很不擅长在众人面前说话，每次都非常紧张。但是，每次演讲或出席公众活动前，准备工作都只做到"差不多"的程度。我完全可以事先把要讲的内容全部写下来，然后背诵出来，但我并不会这么做。或许，这和白鹏关的备赛态度是相似的。

如果事先把演讲稿百分之百地背诵出来，那么我一旦中途出现错误，就会急着回忆起正确的段落，反而会更加手忙脚乱吧。我通常的做法是：事先准备好符合演讲主题的照片，到正式演讲时就根据现场的气氛临场发挥。来听演讲的朋友每次都不一样，能不能顺利完成演讲，我心里完全没底，也相当紧张。那种紧张感甚至严重到怕自己会因此减寿……可是，看过白鹏关的访谈后，我觉得也许这样的准备方式和心态反而比较好，因为适度的紧张感还是很有必要的。

把蔬菜片放进水里　4月23日（星期四）

　　今天遇到了多年不见的在日本上小学时的同学 *，老同学回忆说："当年看到多仁亚家里的水中飘着柠檬片，真是让我大吃一惊呢！"听到这话，应该吃惊的人是我才对，对方居然还记得这回事。如今，很多人选择购买专门的饮用水，但在过去，几乎每家每户都是喝自来水的。我们家也不例外，但自来水的气味多少让人有点介意，所以妈妈就放一片柠檬片在水里。薄荷叶也是不错的选择。我的口味有点奇特，因为喜欢黄瓜的气味，所以常常把黄瓜片放进水里泡着。

　　当家里来客人的时候，对于那些不能喝酒或是不爱喝酒的人来说，这种水也是十分好喝的饮料。吃饭的时候，不适合喝

---

　　* 我进入德国的小学后不久，由于爸爸的工作调动，转校到美国的小学，在小学五年级的时候又来到日本继续上学。

水中加入黄瓜片后，看起来也是赏心悦目。
第一次看到这种水的人都会大吃一惊。

甜味过重的饮料，但只喝白开水也会觉得寡淡无味，这时，建议大家可以喝这种泡蔬菜片的水。

橘树开花　4月25日（星期六）

昨天我来到了鹿儿岛，发现这里的橘花开得正旺，不时从院子里的橘树上飘来阵阵清香。我不禁回想起一位仙台的友人说过的话，"东北没法种橘树，真羡慕院子里有橘子树的人家"。

德国的春天也来得很迟，所以从圣诞节到来年年初这段最寒冷的时间，外祖父总是在西班牙度过。常常听他说起，在西班牙的瓦伦西亚，1月份正是杏花盛开的季节，只要从家里往外踏出一步，立刻就被甜甜的花香包围。

到了6月，德国也好，青森也好，都迎来了苹果树开花的

时节，在新潟盛开的应该是洋梨花吧，山形则是樱桃花。不管在什么地方，都会有属于这个季节的独特花香和乐趣。

洗脸台的搁板　4月27日（星期一）

鹿儿岛的房子已经建成5年了，但到现在为止还在不断地做改进。一旦有感到不顺手的地方，我会积极地找出问题所在，并动手解决。这次，动手解决的是洗脸台水槽下方空间的问题。虽然有抽屉和带门的收纳方式，但由于靠里的位置排着水管，能利用的空间很有限。洗脸台这里需要收纳的东西很多，我决定重新制造出一个搁板收纳空间。

我打算利用这块空间来放厕纸和擦脸毛巾，这两样东西都不重，所以对搁板承重能力要求不是特别高。制作方法很简单。首先，测量空间的宽度和深度，做好记号。请家庭用品商店的

将支撑搁板用的两条方木料用黏合剂固定在两侧，然后放上搁板，这样就制造出新的收纳空间了。

人按照尺寸锯好搁板，并准备好支撑搁板的方木料。然后，按照空间的深度确定方木料的长度，用黏合剂将方木料固定在做记号的位置，等待一晚，让黏合剂干透。待方木料完全粘牢后，放上搁板就大功告成啦！

水煮鲜笋　4月28日（星期二）

邻居送了我几株刚挖出来的鲜笋，我决定正好趁此机会学一学怎么做水煮鲜笋章鱼这道菜。这道菜一直让我感到头疼不已（不是头疼怎么吃，而是头疼怎么做）。竹笋不容易入味，章鱼硬得嚼不动，一不小心就会失败。就算参考书上的食谱也抓不住要点，所以我打算让淑子姐（先生的姐姐）看着我做，可以向她取取经。

首先，要注意加入食材的时间点。听说我担心章鱼会煮得

太硬，淑子姐给出了超级有用的建议：最后放章鱼。只需利用最后一两分钟的时间加入章鱼煮熟，章鱼的风味就能渗入蔬菜。最早入锅的是根菜类蔬菜，而且要注意切得大小合适，便于尽快同时煮熟。今天，我选用的是竹笋和土豆，如果用芋头之类也是同样的做法。

鲜笋焯水去苦味，土豆削皮，放入锅中，加入刚好没过蔬菜的水。因为最后会加入章鱼，所以这里不需要用鲜汁汤，直接用水就可以。水量过多，会使鲜味变淡，所以用水量以刚好没过蔬菜为宜。然后是调味，我加的是鹿儿岛的酱油和粗砂糖，用量是 2：1。粗砂糖溶化后一下子就能尝出甜度。待锅中的蔬菜煮沸后，调至小火慢炖，直到用竹签可以轻松刺穿竹笋为止。同时，确保土豆也已经煮熟变软。最后，加入章鱼继续煮 1～2 分钟，使章鱼的鲜味渗入汤中。关火，静置直至蔬菜变冷，让汤里的鲜味充分渗入蔬菜。食用前重新加热，收汁入味。

水煮的诀窍在于收汁，容易变硬的高蛋白食材要最后放入，不会变硬、容易煮出鲜味的食材要一开始就入锅，不同蔬菜要切得大小合适能同时煮熟，掌握好调料的用量和比例，蔬菜煮透后要关火静置入味。说起来，所谓的诀窍其实都是一些小细节。

除草风格　5月2日（星期六）

今天早上好像全国都是好天气。一大早，我就点上蚊香，戴起新买的防蚊纱网，然后在脖子上喷一圈草本驱蚊喷雾，开始上阵除草。除草这活儿我平时不常干，所以干完之后腰酸背痛很受罪，但我并不讨厌这项劳动。埋头一个劲地干着，收工后的那种成就感真是一种难言的喜悦。

随着除草次数的增加，积攒的经验也越来越多。想要除草顺利，最要紧的是有合适的工具。首先，是可以固定在帽子上

左／野餐时使用的格纹坐垫。正面是羊毛粗呢材质，背面是绿色的防水尼龙材质。右／用防蚊网纱围住面部四周，形成保护。

的防蚊纱网。我最近才买，用过之后非常满意，不禁后悔自己为什么不早点入手！还有一样新工具就是我的格纹坐垫。这块垫子的正面是英伦花呢格子式样，背面则是牢固的防水尼龙材质，直接放在地上也不要紧。在需要跪着除草的时候，这块垫子非常好用。加之，赏心悦目的格纹样式，干起活来当然更加心情愉悦。

从"自己要花多少时间来打理"的角度出发　5月3日（星期日）

这两天，我把之前在英国买的园艺书又翻了一遍。英国不愧是一个热爱园艺的国家，出版的园艺书内容非常丰富，不过最有意思的是这本书传达的观点——根据"自己要花多少时间来打理"这个问题的答案来给出不同的园艺设计建议。每天打

理一次、一周一次，还是每月一次？即使你几乎没有时间打理园艺，也不应该放弃，重要的是选择正确的园艺设计方案和种植品种。对于这个观点，我深表赞同。比如，玫瑰花在整个花季都需要照料，而且容易长虫，打理起来很费心。相比之下，杜鹃花之类的花卉一年只需剪一次枝就能搞定。

我平时太忙，没有时间照顾花花草草，所以把自己的要求告诉园艺店的人，请他们帮我挑选合适的植物。而我的要求是：几乎不需要打理，跟周围的花园风格搭调，还有就是能保持常绿。

海边野餐　5月6日（星期三）

每次去鹿儿岛拜访友人的时候，只要赶上好天气，我们就必定要去海边野餐。从我家到锦江湾只需10分钟车程，不过

竹编匠人制作的提篮。随着使用次数的增多，竹篮的颜色慢慢变成蜜色，期待这样的渐变。

要是有足够充裕的时间，我就会选择去外海。外海的视野更加开阔，虽然偶尔风浪较大，但总的来说，风景更加壮美。记得我第一次从外海野餐回来的时候，公公曾经问我："望到美国了吗？"的确，太平洋的另一头不就是美国嘛。门仓家的人都有一种独特的幽默感。

野餐的时候，拿出在鹿儿岛的竹编工艺店里买来的竹提篮，然后装入简单的和式便当，就可以带着出门了。准备的食物有：饭团、油炸菜丝鱼肉丸、煎蛋、芝麻拌菜、茶水和本地点心。我还要带上毯子和椅子。带有整洁的公共卫生间的海滩是最令人满意的。大多数时候，白色的沙滩上除了我们几个人之外空无一人。吃完便当，在海边散散步，或者躺下来小憩，是非常自由随意的时光。

新洋葱　5月7日（星期四）

　　我在城市里生活时，蔬菜都是买的——先想好自己要做什么菜，有必要的话还会参考一下菜谱，然后去超市把菜谱上提到的食材买回家。可是，一旦开始在鹿儿岛上生活，做饭的思路就变得越来越不一样了。

　　在鹿屋（鹿儿岛县大隅半岛中央的城市）的家附近，很多人家都在自己的地里种蔬菜，所以邻居互相拜访时送一点自家产的新鲜蔬菜也是常有的事。因为是种来自己吃的，所以这种蔬菜不但可口，还能吃得放心。收到这种自家种植的蔬菜，是乡间生活的乐趣之一。当一种蔬菜成熟的时候，大家都在收获这种蔬菜。到了黄瓜上市的季节，大家就一起收黄瓜；到了挖竹笋的季节，到处能挖到竹笋。于是，这次在鹿屋小住的日子里，我收到了三个人送的新鲜饱满的新洋葱。

　　新洋葱比秋天的洋葱甜味更足，可以加到沙拉里生吃，也

可以切成厚片用平底锅炒着吃。不过，唯一的缺点就是容易磕碰到。选择阳光充足的日子把新洋葱拿出来晒一晒、晾一晾，然后放在干燥的地方保存，是一个不错的办法，但如果能趁新鲜尽快吃完当然最好。

今天，我做了洋葱乳蛋饼。首先，将3个洋葱小火慢煮，直到煮成糊状，煮出甜味。然后和蛋液一起倒入饼皮里，放进烤箱烤制。这款乳蛋饼和冰白葡萄酒简直是绝配。

制作饼皮的材料也十分简单。这款饼皮可以用来制作各种口味的乳蛋饼，如果把制作方法记在脑海中，十分方便好用。夏天可以做西葫芦乳蛋饼，秋天则用蘑菇，到了冬天，菠菜、培根的搭配也让人十分喜爱。

洋葱乳蛋饼 Zwiebelkuchen

•材料（20cm 直径的乳蛋饼模具 1 个）

饼皮原料：小麦粉 200g、黄油 90g（冷却）、一小撮盐、

烤制空的饼皮。

放在网格上冷却后切开。

鸡蛋 1 枚

配料：培根 100g、新洋葱 3 个、鸡蛋 2 个、酸奶油 75g、生奶油 200g、葛缕子籽少许、盐和胡椒适量

● 制作方法

1. 烤箱 180℃ 预热，把黄油抹在模具上，撒上（额外的）小麦粉。

2. 将小麦粉、盐和切成小方块的黄油放进食物料理机搅拌。待黄油融化无颗粒后，加入鸡蛋，继续搅拌直到充分混合。

3. 用保鲜膜把面胚包裹起来，揉成比模具略大一圈的圆团（同时也要考虑模具的深度）。然后揭掉保鲜膜，将面团放进模具。接着，用叉子在整个面团上扎出小洞。为了避免粘连，通常会盖上烘焙纸，再盖上铝箔纸压住。放进烤箱烤 10 分钟。

4. 揭去烘焙纸和铝箔纸，再次放入烤箱烤约 5 分钟，看到面胚开始变色即可取出。

5.将培根切成适合食用的大小,放入平底锅用小火煎出油。然后,加入切成薄片的洋葱,撒上少许盐,析出洋葱里的水分。待洋葱出水后,揭开锅盖,翻炒洋葱直到变成金黄色。整个过程大约需要20分钟。

6.在碗中放入酸奶油,加入生奶油稀释,再加入蛋液搅拌均匀。用盐和胡椒调味。

7.将炒好的洋葱和培根撒入步骤4中完成的饼皮里,倒入蛋液,撒上少许葛缕子籽,放进烤箱烤20 ~ 30分钟即可。

···

向阳而生　5月12日(星期二)

已经回到东京。不在家的日子里,盆栽的泥土都已经干裂了!盆栽的好处在于只要赶紧浇水,植物很快就能恢复活力。

不过，香菇草就没有这种困扰，所以它已经在我家里待了 10 多年。

家里有了植物点缀，整个空间就会变得温馨起来。可是，植物是有生命的，如果不悉心照料，它们就会失去活力，最糟糕的情况就是枯萎。所以，应该先思考自己希望有多少时间能用来照料植物，实际能腾出多少时间，然后再选择适合自己情况的植物来点缀家里的环境。盆栽比较娇贵，所以一定要每天仔细照料。相反，也有一些植物只需每周浇一次水即可。总之，选择符合自己生活节奏的植物这一点最重要。

美术馆　5 月 13 日（星期三）

几年前，我决定每个月都和妈妈组织一天"文化日"，去逛逛美术馆、看看展览，或是到下町地区散散步，十分开心。

昨天，我们去了横滨的美术馆。那里正在举办某个日本艺术家的个展。卷轴上的画作自然流畅，色调和节奏非常棒。每一幅都是佳作，只是，这次的作品展好像侧重同音乐和影像的结合，中途开始出现越来越多的多媒体展品。我一开始觉得还挺好，但是慢慢地就感到有点头晕，看不下去了。

妈妈从心理学的视角对这个现象进行了解释。世界上有两种人，一种天生对刺激特别敏感，另一种正好相反，如果受到的刺激不够就无法感受到很多事情。于是，我回想起来，也许这就是自己从年轻时就一直不喜欢蹦迪的原因。看到大家都兴高采烈地去迪厅蹦迪，我觉得自己也必须喜欢，否则就太"无趣"了。但其实并不是无不无趣的问题，只是因为蹦迪这回事不适合自己的体质。对我来说，迪厅里巨大的嘈杂声是一种负担。这并不涉及好坏，而是让我重新认识到了解自己资质的重要性。

落日　5月16日（星期六）

今天，我参加了 NHK 文化新潟教室的演讲会。工作结束后，为了参加明天的 NHK 文化庄内教室的演讲会，我坐"稻穗特急"列车从新潟站出发前往鹤冈站。出发前，住在新潟的友人提醒我——"往左边窗外看"，但我并不知道左边的窗外会有什么风景，只是无所事事地望着外面。结果，我看到了异常壮观的一幕。夕阳缓缓落下，真的就在一瞬间没入海中，日本海的落日场面壮美得简直无法用语言来形容。真是大自然的一份美丽馈赠！

在鹿儿岛的时候，我也常常会眺望海面。不过，我大多数时候去的是锦江湾，既然叫"湾"，那一片水域的开阔程度自然有限，能隐约眺望到对岸的陆地，还有不少养殖场分布在那里。与之相比，日本海的海岸线由坚固的岩石砌成，我们可以清楚地看到海天交接的水平线。无边无际的大海虽然美丽，

但多少让人感到有点可怕。不过，落日景色如此壮美，会让我不禁想抽空带爸妈一起来观赏。

白色的花 5月19日（星期二）

听说周二傍晚附近的超市门口有鲜花出售，我今天特意跑了一趟，果然买到了很满意的鲜花，回到家后赶紧把花插入瓶子。卖花的店员告诉我，这种花在修整插瓶的时候不要用剪枝剪刀剪，直接用手折比较好。

如果去花店，我可以买到各种经过精心组合搭配的花束。可是，色彩缤纷的花束并不适合装饰房间。对我来说，理想的装饰花束是把在院子里散步时偶然发现的鲜花随意地插在花瓶里的效果。比起那些精心培育的鲜花，我更喜欢朴素可爱的花。就拿玫瑰来说，比起那些花蕾紧闭、枝干细长的玫瑰，我更喜

欢花蕾大开的老玫瑰。像老玫瑰这类朴素的鲜花，只需一种，采集数枝，剪短枝干，齐齐插进花瓶，便能给房间带来一丝自然的生机。

桑葚果酱　5月23日（星期六）

我又来到了鹿儿岛。鹿屋这个地方过去盛行养蚕，所以种植了大量的桑树。我的一个朋友就拥有大片的桑田，致力于桑树的重新开发利用。于是，我在朋友的桑田里体验了一把摘桑葚的乐趣。摘完之后，我发现指尖已经被染成一片紫色！不过，摘桑葚真是一种美味又有趣的体验。我打算把摘回来的桑葚做成果酱。由于果胶不够，又用院子里摘来的橘子煮出果胶加进去。

水果基本可以分成富含果胶和基本不含果胶两种。含果

胶较多的水果主要有苹果、柑橘、李子和杏等。含果胶较少的则有柿子、桃子等。需要用果胶的话，可以直接从店里买果胶粉，也可以自己从水果中提取。柑橘类水果的果胶集中在果皮、果肉和果核。苹果的话，整颗果实都富含果胶。所以，把这类水果放进锅里，加水没过水果，煮上 20 分钟，就能煮出果胶。

好，色泽艳丽的红色果酱煮好了。不过，好像稍微带着一点橘子的苦味？下次熬果胶之前要记得先把果皮和果肉焯水。

吃豌豆的季节   5 月 24 日（星期日）

住在附近的亲戚送来了刚摘的豌豆。紧接着，姑妈田里的新鲜蚕豆也送上门了。对于豆子来说，新鲜就是生命。刚采摘的豌豆，哪怕直接生吃也很美味。如果一时半会儿吃不完，可以趁新鲜用水煮一下，这样保存的时间可以稍微延长一些。淑子姐给我送来了用自家地里产的土当归做成的天妇罗。今天收到了各种各样春天的馈赠，真开心！

我最喜欢的食用豌豆的方法是用清汤水煮。如果刚好有间拔的胡萝卜，也可以放进来一起煮。间拔的胡萝卜小巧可爱，相对柔软，口味清淡。如果和豌豆一起煮，很快就会变软。话说，英语里经常出现"peas and carrots"这种说法，意思是形影不离。电影《阿甘正传》里也有这样一句台词："We goes together like peas and carrots."（我们是形影不离的好友。）

清汤水煮豌豆胡萝卜

●材料（4～6人份）

去荚豌豆150g、小胡萝卜15根、新洋葱1个、清汤适量(融化后使用)、盐和胡椒适量、黄油1～2大匙（冷却）、淀粉1小匙、薄荷叶少许、法式面包适量

•制作方法

1. 锅中放入黄油，然后放入切成薄片的洋葱和一小撮盐，盖上锅盖，用中火焖煮。待煮出水后，拿开锅盖。

2. 胡萝卜洗净，切成块，加入步骤 1 的锅中。然后，倒入融化的肉汤，刚好没过食材为宜，一直煮到胡萝卜变软。中途加入豌豆，有需要的话可适量添加肉汤。可以一边煮一边试吃一下，看食材是否已经煮软（由于豌豆的新鲜程度不同，煮的时间控制在 1～5 分钟）。

3. 待豌豆变软后，加入盐和胡椒，调至小火，让汤汁慢慢收干乳化。撒上薄荷叶。

4. 将法式面包切成薄片，稍微烤一下。最后，把步骤 3 中的成品抹在面包上，就大功告成了。

清晨散步 5月25日（星期一）

　　最近出差比较频繁，周末也常常有工作，感觉生活节奏已经被打乱了。深感最近缺乏运动，我决定清晨出去散步。啊，真是神清气爽！

　　确定好路线后，早上8点出发。我带上报纸，朝着5千米之外的咖啡馆进发。到达目的地后，在那里小憩一刻钟，看看报纸。然后，一路走回家。有时候，我根据自己的心情、身体状态或计划，也会选择坐电车回家。

　　步行的时候，尽量做深呼吸，而且要努力放空自己。虽然各种计划和效率也很重要，但是偶尔放空一下，让自己回到大自然中感受一下季节的气息，非常有助于情绪的调节和心情的转换。

白芦笋　5月26日（星期二）

今天在东京的德式料理店"Zum Einhorn"吃到了德国的白芦笋。小时候在德国生活时的好朋友直子特地邀请我吃饭，说算是送给我一份迟到的生日礼物。我很感谢！谢谢款待！

白芦笋是每年这个季节我最期待的蔬菜。另外，我们还点了土豆，再加上简单的黑森林生火腿和两种黄油酱（荷兰沙司和烤黄油）。白芦笋的特供截止到6月底。

预定航班　5月27日（星期三）

我打算今年夏天第一次像个德国人一样给自己放个暑假。因为6月结束之后可以有一段较长的休息时间。很久以前，我就跟先生说起过，如果有时间的话想去葡萄牙的波尔图看看，

所以决定这次旅行就去波尔图。然后，待在一个城市里悠闲地度假。

尽快把行程定下来。去波尔图的目的当然是品尝波尔图酒。我想着当地应该有适合小住的酒厂，于是在网上搜索了一番，锁定一家看起来不错的民宿，预定了房间。我把行程告诉爸妈后，得知他们将于7月21日在法兰克福举办金婚庆祝宴。我去一趟欧洲也不容易，于是决定一直待在那边直到参加完宴会。

这样一来，我基本确定了在欧洲停留的时间，于是马上着手预约国际长途航班。接着，前往波尔图的欧洲地区内短途机票也在网上搞定了。

红辣椒腌一腌　5月28日（星期四）

赶上红辣椒低价促销，我便买了5个烤了一下然后做成了

长年放置在书架上的介绍波尔图酒的历史和文化的书籍。

腌辣椒。看到红辣椒，不禁回想起小时候的事情。日本的超市里往往只卖甜椒，妈妈常说："想做辣椒卷肉，可是好像没有红辣椒啊？"与甜椒相比，红辣椒的肉质更厚，熟透的红辣椒甚至带有一丝甜味，很有嚼劲。加入沙拉生吃味道就很不错，不过，我觉得最好吃的做法还是腌渍。腌辣椒可以直接食用，可以拌沙拉，还可以夹面包，做煎蛋的辅料也很美味。总之，它是一种西式常备菜。

我先用烤茄子的方法把辣椒烤一烤。如果是用明火，可以把辣椒放在烤网上用大火烤，用烤鱼的烤架也可以。我是用烤箱烤的，把辣椒放进180℃的烤箱中烤30分钟。如果用烤网烤，记得翻面，等到辣椒表面变成和烤茄子一样的黑色就可以了。然后，放置冷却一会儿。待辣椒基本冷透后，剥开外皮，除去辣椒籽，把辣椒切成大约手指宽的长条，然后装入储藏瓶。稍微撒一点盐，再放入一两片大蒜，浇上一圈橄榄油，放置一段时间即可食用。

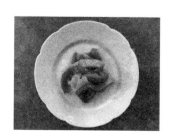

给发财树和百里香"剃光头" 5月30日（星期六）

今天为家里的发财树做了剪枝。发财树是一种比较好养活的植物，家里的那株只要一周浇一次水，放在有日照的地方就十分精神。渐渐地，枝干越伸越长，叶片也越长越多，虽然长势喜人，但是枝干长得太长反而伸展不开，所以我每年都会做一次剪枝，给它"剃光头"。

发财树的剪枝最好在五六月份进行。就像人需要理发，植物也需要把杂乱的叶子处理掉，剪过枝的植物显得特别精神。不过，每种植物的成长期都不一样。如果是第一次处理植物，最好先做一点功课，尤其是那些会开花的植物，如果不小心把花苞剪掉就不会开花了，所以要特别注意。

鹿儿岛家中的院子里种着百里香，一到春天我也会给它们剪枝。已经被剪成几乎只剩树根的百里香，只需一个月的时间就能复活，重新长成一簇簇的美丽模样。

2～3周后就会长出新的叶子。

沙拉晚餐　5月31日（星期日）

今晚吃久违的沙拉晚餐。

一直以来，出于先生的喜好，我们家都以日式晚餐为主。可是就在几年前，我突然想吃德式晚餐。米饭和酱汤固然不错，但是如果再加上主菜肉菜的话，会感觉吃得太饱。于是，家里越来越多地出现德式晚餐，我们把它叫作"沙拉晚餐"。

德式晚餐是一种冷餐，也就是面包餐。最近，在日本也能买到越来越多好吃的餐包（黑麦面包）。我们就把这种餐包当作晚餐的主食。另外，再加上满满一盆用自制酱汁拌好的沙拉，还有提供足够蛋白质的肉蛋类食物。沙拉主要由生蔬菜、水煮蔬菜和烤蔬菜组成，口感层次丰富。生蔬菜一般选莴苣，水煮蔬菜有西蓝花、胡萝卜等，烤蔬菜则有大葱和香菇等，诸如此类。蛋白质来源主要是烤鸡肉、水煮蛋等，有时还会加一条烤

秋刀鱼。根据季节调整食材，全年不会感到厌倦，可以好好享用晚餐了。

露天酒吧　6月1日（星期一）

受友人的邀请，今天第一次去了明治纪念馆的露天酒吧。酒吧刚好是第一天开门营业。傍晚的夕阳赏心悦目，湿度也不高，正是在露天酒吧喝酒的好时候。整个庭院被颇具风情的建筑物包围，非常漂亮。

两个包包　6月2日（星期二）

就算只是到附近走走，钱包、钥匙和手机这三样还是出

门必带的东西。我这个人不喜欢用大包，所以会把这些必需品都塞进小包。这样一来，与其说是小包，还不如说是一个大钱包。这个大钱包里装着硬币、银行卡、纸币（票据资料夹也剪成纸币的大小）、手机、钥匙、笔和润唇膏。小包里只装必需品，所以有时要用到两个包包。出门工作或逛街的时候，我会背一个能装下报纸的帆布包。这个包还能装下购物用的环保袋、书、笔记本电脑等东西。出去旅行的时候，除了双肩背的旅行背包，我还会单肩背一个前面提到的那个大钱包。

把宣言海报装进画框　6月3日（星期三）

今天，和以前的学生们一起吃午餐。他们送给我一张Holstee公司的宣言海报。之前，我在报纸上看到过关于这家

公司的报道，一直都想要一张海报，今天收到这份意外之喜，别提有多高兴了！拿回家后，我把海报装进画框，摆在桌子上做装饰。

画框是从我以前买的几个画框里选的。画框这种东西就算刻意去找也未必能找到喜欢的款式，不如看到了就顺便买下来，所以就算一时用不上，我也会先买下来。今天的海报我决定用黑褐色的窄边画框来装。

画框自带的内衬纸对于这张海报来说太小了，所以我在常去的那家网店上又定做了一张，没想到很快就送到了，真是惊人的速度！

Holstee 公司的宣言是由辞职后创立 T 恤公司的两兄弟和他们的朋友三个人一起写下的，旨在表明公司的方向，让消费者明白什么才是最重要的。"这是你自己的人生。你应该做自己喜欢的事，如果不喜欢自己的工作那就辞职，去旅行。你不要想得太过复杂，生活很简单。人生苦短，实践梦想，分享热情。"

参加金婚仪式应该送什么花？

这几天我一直在考虑参加爸妈的金婚纪念仪式应该送什么礼物。姑妈建议我不妨送一束和妈妈结婚时使用的相同的手捧花，于是我向妈妈打听当时用的是什么花。妈妈的回答："记不太清了，不过既然当时是6月份，又是在德国，应该就是玫瑰吧。新娘用的肯定是婚礼色白色，所以应该就是白玫瑰。""不过，现在是金婚仪式，白色不太合适了吧？"妈妈这样认为。

于是，我特意和花店的店员商量了一下，决定选择白玫瑰打底、加以粉玫瑰和绿叶做点缀的花束。我给爸爸选择的是纽孔花。另外，客人里有一位爸爸从小玩到大的多年好友，最近刚过了八十大寿，我为他也订了一束小花。黄色的花朵比较符合老人家开朗的性格。订完这三束花，心里十分畅快。

旅行的准备功课　6月5日（星期五）

对于一周左右的短期旅行，我一般不会提前做功课，喜欢走到哪里看到哪里。不过，这次暑假的欧洲之行长达一个月，我决定好好做一番计划。

首先，我要在葡萄牙的波尔图停留一周。然后，以法兰克福为根据地，走访周边的几个城市。德国国内的交通，照例还是使用一票通。德国的一票通有很多种类，这次打算购买一个月内五天不限次数乘坐火车的这种（如果全程都是两人同时出行，那么买双人套票会更便宜）。一票通等到在当地要坐火车时现场购买就行。

我还想去瑞士探访友人，所以旅行计划以南部为中心展开。查了一下德国一票通的使用范围，发现最南端可以到达奥地利的萨尔茨堡。于是，我把萨尔茨堡列为目的地之一，从那里出发去瑞士的苏黎世，然后再返回法兰克福。

我把其他想去的地方都列了出来，有趣的是，无一例外都是修道院。安代克斯（Andechs）修道院、圣希尔德加德·冯·宾根（Hildegard von Bingen）修道院、埃伯巴赫（Eberbach）修道院等。德国的历史果然还是起源于宗教。生活文化是这样，饮食文化、医疗、建筑等各方面的起源也都是教会。

旅行期间的酒店也都事先预订好。在欧洲旅行的时候，我选择并不豪华但提供WiFi（无线宽带）等方便服务的NH酒店。这家酒店价位合适，在主要城市都有分店。因为是连锁酒店，分店遍布各个城市，让人感觉安全可靠，利用起来方便。

苔藓油绿的庭院　6月6日（星期六）

昨天来到了奈良。今天雨过天晴，是个好天气。下午，我把行李寄存在办见面会的咖啡馆前台，抄小路前往东大寺的南大门。中途发现入江泰吉的故居正在对外开放，便进去参观。整个建筑借景巧妙，还有暗室。继续往前走，看到依水园的招牌，于是也进去小游了一番。整个庭院的景色实在是太棒了！这座由商人出资建造的庭院借到了东大寺的景，苔藓油绿。我向园艺师请教了一下，对方告诉我苔藓喜欢有朝露的地方，白天不能洒水，因为苔藓怕热，很容易失水。必要的话要及时移植，把长得不太好的苔藓清理掉。我打算把这些经验告诉在自家院子里养苔藓的妈妈。

清早出门散步，行人稀少，无拘无束，自在自得。

静音时间　6月7日（星期日）

家里的电视播放了我期待已久的经济节目。我这个人只要周围一有声音就无法集中注意力，但是先生似乎完全不受影响。不愧是证券公司出来的人！

一个人到底是从什么时候、什么地方开始习得对声音的感知的呢？小时候，我常常听大人说安静的地方最能让人沉静下来，所以才会喜欢安静的环境吧。如果我们从小生活在四周都是人、充斥着各种声音的环境里，那么对于声音的感知也会有所不同吧？

也谈不上是好是坏，我和德国的外祖父母、妈妈一样，对声音很敏感。一旦有声音，我的注意力就被吸引过去，无法集中精神。待在家里的时候，我从不主动开电视机。假使要开，也会选择没有歌词的纯音乐，或是古典音乐之类的节目。最让我不能集中精神的要数购物中心之类的地方两家店铺里分别传出不同音乐的情况，看来我似乎有必要练习一下人为屏蔽声音的技能。

金婚仪式派对　6月8日（星期一）

　　今年迎来结婚50周年的爸妈，早在几年前就开始策划着举办一场金婚庆祝仪式，邀请家人朋友参加。一开始，他们打算在当年举办婚礼的柏林找个地方开金婚派对，还特地赶过去看场地。可是，爸爸因为工作驻扎原因在法兰克福待了5年，在当地有不少朋友，如今我妹妹也定居在那里，所以最终选择了法兰克福的一个场地。另外，由于很多亲戚生活在东京，所以计划在东京也举办一场小派对。这场东京的小派对于今天举行。其实，爸妈的结婚纪念日也是今天。

　　派对邀请了爸爸的兄弟及其家人，还有爸爸的发小，一共十几个人。姑妈还特地从美国飞回来参加今天的派对。我们租用了酒店的小型派对活动室作为会场，里面有可供休憩的转角沙发，就餐则是冷餐会的形式。那是一个有阳光洒进来的明亮房间。首先，爸爸致辞感谢大家到场，然后由各位久未碰面的

妈妈的手捧花。颜色淡雅的玫瑰花非常漂亮。

亲戚"汇报"各自的近况，其乐融融。

派对的策划、向客人发出的邀请，都是以爸爸为中心做准备的。爸爸借邀请大家参加庆祝派对的机会，成功地实现了家族的大聚会。

把冰箱清空　6月9日（星期二）

今日小雨。我明天就要去鹿儿岛，所以今天的料理主题就是"把冰箱清空"。培根和葱小炒后加入鸡蛋做出西式炒蛋，然后放在微烤的面包上做成开放式三明治。用平底锅炒熟茄子，撒上小葱末，浇上番茄酱和柠檬汁做成沙拉。最后，再加上冰箱里的腌辣椒，午餐就准备好啦。

前往鹿儿岛　6月10日（星期三）

　　我从羽田机场出发坐飞机到鹿儿岛机场，然后换乘汽车走高速前往鹿屋。途中去了一趟超市，在吉田先生（淑子姐的朋友，专业种植无农药蔬菜）的柜台买了胡萝卜、洋菠菜、紫洋葱、甜菜、土豆和黄瓜等蔬菜。住在附近的淑子姐叫我们过去吃晚餐，所以我打算做一份土豆沙拉带过去。

　　土豆水煮后剥去皮，没想到里面竟然是紫色的！将黄瓜切片，搓一点盐，挤出水分。紫洋葱切细丝，鸡蛋煮得稍微老一点。调味汁则是由醋、橄榄油、盐和梅干混合而成。热乎乎的土豆拌入调味汁后，变得入味可口。一道紫色的梅干风味土豆沙拉就完成了。甜菜蒸熟，也切成适合做沙拉的大小。傍晚，我们就拿着两罐啤酒，带上做好的沙拉去淑子姐家聚餐啦。

紫色君子兰 　6月11日（星期四）

　　鹿屋的大雨从昨天一直下到今天早上。不过，今天上午天就放晴了！家门口那片去年秋天新种植的紫色君子兰这几天开得正旺，淡紫色的花朵十分可爱。紫色君子兰好种易活，非常适合我们这种"植物白痴"的人家种植。就算是非花季的时候，绿色的叶子也十分养眼。

苹果窨井盖 　6月12日（星期五）

　　昨天回到了东京，紧接着又马不停蹄地赶到了长野县长野市。今天要去参加 Miele 公司的料理教室。因为天气好，我起了个大早，一边散步一边前去善光寺参拜。虽然没有赶上佛珠顶戴（朝事的前后，主管佛事的住持在往返正殿时，对跪在参

列道边的信徒用念珠抚头传授功德的仪式），不过运气不错的是赶上了朝事的尾巴。

步行途中，我发现了一只可爱的窨井盖。真不愧是长野市，连窨井盖上都有苹果的图案。与和别人一起走的时候不同，一个人散步时常常会发现一些独特的风景。

接到电话说鹿儿岛家里工作用的厨房已经装修好了。因为工作关系收到过两台 Miele 品牌的烤箱，一直放着没用，已经保存好几年了。我琢磨着也应该把它们用起来，于是决定在鹿儿岛的家里打造一个工作用的厨房。我把家里用地内的一间小厨房翻新了一下，在合羽桥的二手商店下单订购了冷柜、小炉子和一个能放十几块铁板的橱柜，送到鹿儿岛的家里。我和先生前往德国期间，拜托淑子姐帮我们去保健所做资格审查。这个新厨房以后用来制作糕点和果酱。

窨井盖上也刻上了苹果的图案！

禅　6月13日（星期六）

　　我听说过这样一个故事。某人突然被强制拉去蹦极，蹦极的装备套上了，人也已经被抬到了蹦极台上，正要往下跳，突然有人喊："请等一下！"原来是让他一个小时之后再跳。于是，神经高度紧张的某人惴惴不安地度过了难熬的一小时。然而，同样的过程发生在一位和尚身上时，我们却惊奇地发现，不管发生什么情况和尚都镇定自若。就算是中途被打断，他在一个小时的等待时间里也能保持平常心。

　　有过坐禅经验的姐夫教给我一些使情绪保持安定的秘诀。坐禅的时候，要是能做到"无"的境界当然是最理想的，不过难度太大。这时，还有另一种方法，就是"无视"。好的事情也罢，不好的事情也罢，对于各种涌上心头的事情要学会"没有反应"。不论开心还是难过的情绪，都让它们和现实割离开来，随风消散。

制作菜谱　6月14日（星期日）

　　今天我要制作一个菜谱。因为是秋天的料理，所以题目叫"青花鱼小菜"。一开始，我在肉派和土豆沙拉之间拿不定主意，征求了几位朋友的意见之后，决定做一道咖喱风味的青花鱼土豆沙拉。先将青花鱼撒上咖喱粉入味，然后烤熟。之后，我尝试用最近新发明的方法把鸡蛋煮熟。这个方法就是：不论什么样的蛋一律用大火煮沸4分钟后关火。在滚水中停留的时间决定了蛋黄的凝固程度。因为是用来制作青花鱼沙拉，所以关火后我让蛋在热水中待了4分钟，然后取出用冷水冲，剥去蛋壳。这样做出来的蛋黄已经凝固，同时又十分柔软，简直完美！

　　制作菜谱这件事看起来简单，实际操作起来非常麻烦，首先就是对食材分量的表述。因为同一种食材也会有大小区别，该如何描述实在是让人头疼的事。写土豆2个还是写中土豆2

在青花鱼土豆沙拉上撒一些香菜。

个呢？又或者写成土豆300克？可是，只看克数很难想象到底是多少的量吧。以前，我的菜谱发布后，曾经遇到读者问我"盐要用多少克"这样的事。但是，我的回答还是用适量的盐。根据盐的种类和当天使用食材的不同，盐的用量都会有区别。我一边抱着描述尽量简明易懂、让读者根据经验和想象力来确定用量的想法，一边把菜谱制作出来。

长期旅行的准备工作　6月15日（星期一）

23日开始的长达4周的旅行很快就要到了。像往常一样，我把行李箱敞开着摆在房间里，一想到有什么要带的东西就放进去。这次旅行的时间较长，所以行李的准备工作要比平时更加细致。

如果行李太多，拉着走来走去是一大负担，所以要让行李

准备几条适合春夏用的围巾。

尽可能地紧凑。这次旅行途中要走不少的路，所以必须带上方便行动、平时常穿的衣服和鞋子。一条坐在哪里都不怕弄脏的深色裤子、一双合脚的常穿的鞋子，都是必需品。内衣的话，住酒店的时候也可以隔几天清洗一次，所以带两三件就行。虽说现在是夏天，但是欧洲的天气多变，所以我带上了可以叠穿的衣服。T恤衫（短袖和长袖）再加上偶尔可以套在外面的衬衫和外套，还有可以卷成小团节省空间的羽绒背心。我考虑到可能会有晚餐的邀约，所以还带了一双百搭的黑色芭蕾平底鞋。黑裤子、白T恤，再加一件外套和素色围巾，这身装扮不管是参加聚餐还是听音乐会都没有问题。

旅途的末尾要参加爸妈的金婚纪念仪式，所以还要带一条连衣裙。按照活动的安排，会在酒店餐厅的露台举办冷餐会，现在是夏天，再加上是室外环境，所以应该没必要穿得过于拘谨。我决定带一条熨烫方便的棉质翻领连衣裙。深紫色的裙子，长度刚好过膝，是我十分中意的款式。

南高梅　　6月16日（星期二）

　　一直以来，我认为自己最喜欢的果酱就是酸味的杏子酱，直到朋友送来一罐自制的南高梅酱后，才一下子改变了这种想法。南高梅酱香气诱人，酸味适度，和抹了黄油的黑面包简直是绝配。而且，可以从当地的超市买到新鲜的南高梅，自己做果酱也很方便。我向朋友问了制作方法后，马上实践。

南高梅酱

●材料

南高梅1kg（在梅子煮熟滤水后称重）、砂糖500g

●制作方法

1.将不锈钢平底盘放入冰箱冷冻室。

2.梅子洗净，倒到沸水中，看到梅子皮裂开后倒入筛网，下面放1个碗，滤干梅子表面的水分。把滤水后的梅子和砂糖

一起放到锅中煮沸直到水分收干。

3. 果酱冷却后会变浓稠，所以可以在冰冻过的平底盘上滴少许果酱看看浓度。煮到自己喜欢的浓度后即可关火。将果酱转移到煮沸消过毒的瓶子里，拧紧盖子，倒置冷藏。

迎婴派对的准备   6月17日（星期三）

下周要在我们家为外甥媳妇举办迎婴派对（Baby Shower），所以这几天就开始忙着准备。当天的菜单事先打印出来，餐桌的装饰花则选定为"绣球花"，并定好在哪家花店采购。伴手礼的话，就做糖霜饼干吧。以外甥、外甥女和小孩为主，参加派对的有 12 个人。

做糖霜饼干需要花费几天时间，所以我今天就开始着手做。这次饼干的模型有两种：奶瓶形和围兜形。烤好的饼干放在网架上冷却。一块块小饼干排列着，看起来特别可爱！明天再用糖霜给饼干做装饰。

冰茶　6月18日（星期四）

炎热的日子渐渐多起来。一到夏天，我就会用多余的茶叶做冷泡红茶。冷泡可以使红茶水更加通透好看，所以冰茶也用冷泡的做法。

需要准备的物品有：泡茶的容器和装茶叶用的茶包。用普通的饮料瓶也可以，但是要从窄小的瓶口塞进茶包比较困难，所以尽可能选择瓶口宽大有瓶盖，并可以放进冰箱保存的容器。然后，要做的就是按照1升水泡12 ～ 15克茶叶的比例（依据个人口味），把茶叶装进茶包，投到水中。让茶水在冰箱里静静地"躺"一晚。第二天早上，取出茶包，冷泡冰茶就做好了。

 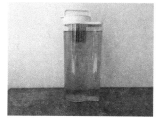

普通的红茶可以这么做，水果茶之类的也完全没有问题。我们还可以按照个人口味加入薄荷叶，也很好喝。喝不完的茶水要放进冰箱保存，最好在两天内喝完。

对于红茶来说，香气是茶叶的生命。如果能趁着茶叶新鲜及早使用那当然最好，但是要我选择热饮的话，大多数时候会选热咖啡，几乎不太喝热红茶。所以，我家经常有剩余的红茶。不过，夏天的冰茶是我的最爱，尤其是在酷热难耐的时候，喝起来特别带劲。

忙碌时的招待——千层面　　6月19日（星期五）

今天是个大晴天，用蛋白和砂糖做糖霜，继续准备我的小饼干。后天就要开迎婴派对，而明晚会有另一个外甥带着未婚妻来家里玩，所以今天还得把千层面也准备好。趁着炖肉酱的间隙，用食用色素给糖霜着上红色。然后，装饰饼干边缘，浇上糖霜，静置一晚等糖霜凝结。

千层面不需要事先煮好，只需在装千层面的大盘子里层叠放入肉酱、白酱和碎芝士，然后放进冰箱冷藏。这种做法使得千层面无须提前煮熟，干面时就能直接放进烤箱烤。明天准备晚餐时，只需把千层面放进烤箱，然后再做一份沙拉就可以啦！

客人陆续到来　6月20日（星期六）

晚餐的布桌工作在白天就完成了。以蓝色的桌布来搭配日常的餐具，因为主食是千层面，我还准备了葡萄酒酒杯。接着，又开始为明天的迎婴派对采购食材。

明天就要办期待已久的迎婴派对。我准备好做三明治的食材，做了蛋糕，切好蔬菜棒放进冰箱保存，沙司也提前做好。

傍晚 5 点前后，外甥和他的未婚妻来到我家，外甥女也带着孩子一起来了。大家其乐融融地围坐在餐桌旁。外甥的未婚妻笑声爽朗非常有特点，是一个很棒的女孩子。

迎婴派对　6 月 21 日（星期日）

早上起床后，第一件事就是布置餐桌。在先生外出买面包时，外甥女到了我家。11 点半的时候，另一个外甥女也来了。她们帮我一起包装小饼干。

差不多 12 点时，其他家庭成员也到齐了。会喝酒的人举起香槟干杯庆贺，大家一边吃一边聊，不知不觉就到了傍晚。最后一位客人离开时已经是傍晚 5 点，看来这是一个成功的派对。今天的菜单是：三明治（鸡蛋、咖喱鸡肉、火腿奶酪）、蔬菜棒和沙司（牛油果、黄豆、茄子）、蓝莓蛋挞、南特蛋糕、

西葫芦乳蛋饼和水果宾治酒。客人带来的萨摩炸鱼饼和蜜瓜也都当场切开享用，真是满满一桌美食。

收拾完"残局"，我赶去达赤坂烤肉店同久未见面的友人碰面，稍微迟到了一会儿。饭桌上，大家各自"汇报"了一下孩子和先生的近况。今晚主要是"吃熟成肉"，当然，还要赶在晚上 12 点前回家!

房间的夏季准备　6 月 22 日（星期一）

今年的夏天似乎来得特别早，最近每天都很闷热。今天，趁着出门旅行前还有一点时间，做了一下换季整理。首先，把夏季穿的衣服拿出来，把坐垫换成薄款。然后，给窗户也换上"薄衣服"。家里的起居室挂的是类似丝绒的厚窗帘，显然不适合夏天。所以，一到夏天，我就把窗帘全部拆下来，换成竹帘。

人们一般会把竹帘挂在窗户外面来遮阳，但是我家起居室的窗户外侧没法挂竹帘，所以我就把帘子固定在窗帘的轨道上。用一根绳子穿过竹帘顶端的横杆，然后系在窗帘杆的钩子上就可以了，无须花费太多工夫。它还可以从侧面卷起来，十分便利。卧室外连着阳台，所以我平常会在窗前竖一个大苇帘，既能遮阳又能在开窗时通风。

到了盛夏时节，阳光透过窗户射进来，室内的温度也噌噌地往上升。为了尽可能地降低室内温度，我在玻璃窗上贴了遮阳纸。这是大地震后的那个夏天逛 DIY（自己动手做）店铺时发现的好东西，把它直接贴在窗户的玻璃上能反射太阳光，减少室内的升温。我测了一下室内外的温度，有 10℃之差。

话说，明天终于要出发了。行李再最终确认一遍，冰箱里的东西归置好，并暂停报纸的派送。因为这次是长期旅行，所以我拜托友人帮忙每周来家里给植物浇一次水。最后，把今天的垃圾倒掉，准备工作就算完成了。

出发！ 6月23日（星期二）

　　今日天晴。早上5点起床，喝完咖啡，8点一过就出发。坐成田特快抵达成田机场，在候机厅的书店里逛了一会儿，很快就登机了。一路上毫无睡意，倒是看了5部电影。其中，印象比较深刻的是一部叫作《寂静人生》的英国电影。由于飞机舱里比较干燥，我一个劲地喝水，每隔一小时就要去一趟洗手间。

　　经过11个小时20分钟的飞行，终于来到了法兰克福！比我年长一轮还多的德国友人特地来接机，并把我们送到酒店。每次只要我写邮件告诉他要去德国，这位友人总是会来接机。去酒店的路上，我们各自"汇报"了一下近况，并约定下周出来好好聚一聚。

　　这时的我困意来袭，然而德国时间才傍晚6点。如果这个时间睡下，时差就调整不过来了。所以，我今天要硬撑一下，

左/由于这次是长期旅行，所以做了一张简单的日程表。地铁和航班时间、入住酒店的地址和电话号码都有记录。右/这些是随身物品，去哪里都带着。

尽量把睡觉时间往后推。我徜徉在法兰克福的街头,这个时节的法兰克福直到晚上 10 点才真正进入黑夜。我尽情沐浴着夕阳的柔光,促进褪黑素的分泌。吃过晚餐后,回到酒店倒头就睡。

苹果酒　6 月 24 日(星期三)

今日多云,凉爽,天气预报显示最高气温 18℃。在酒店吃的早餐。昨晚虽然醒了几次,但总的来说睡得不错。

今天去品尝了法兰克福的特产"Apfelwein"。那是一种略带独特酸味、酒精度很低的苹果酒。夏季天热的时候,它可以润喉止渴,是一种容易让人喝上瘾的饮料。

用来下酒的是法兰克福的特产,一种叫作"奶酪和音乐"(Handkäse mit Musik)的料理。简单来说,就是低脂肪的奶酪上撒着用油醋浸泡过的洋葱碎。那么,"音乐"二字从何而

来？其实，吃完生洋葱后不久，人的体内会产生气体，这股气体发出的声响就是所谓的"音乐"。

前往波尔图　6月25日（星期四）

今日多云，早晨依旧凉爽。我一大早就赶赴法兰克福机场。欧洲的机场最近开始普及自助服务，我们可以事先在网上值机，到机场后再使用自助设备打印登机牌。然后，在托运行李的柜台自己输入信息、打印标签，把标签固定在行李箱的把手上。需要自己动手的事情有很多！

飞机经过近两小时的飞行后，抵达葡萄牙的波尔图。为了确认一下明天要乘坐的列车的运行时间，我步行来到中央车站。一路上经过不少咖啡馆和坡道。车站的咨询台前挤满了人，于是我取了叫号纸等待叫号。买完车票后，仍旧选择走到港口。

波尔图的街道是瓷砖的街道。中央车站的站厅里也能看到美丽的瓷砖装饰。

狭窄的小路弯弯曲曲地延伸着,修复后的古建筑令人赏心悦目,但也有不少没有修复的房子已经变成废墟,金属部分锈迹斑斑,油漆也已剥落。不过,美丽的装饰还在,仍旧保留着独特的韵味。整条街给人的感觉就是追求美感胜过便利,真的很棒!

入住葡萄田环绕的民宿 6月26日(星期五)

早上6点起床,收拾完行李,直奔昨天发现的一家咖啡馆,混在熟客中吃完了早餐。咖啡馆里间还有一个面包房,有人拎着装满面包的塑料袋离开。

我拉着行李箱一路"咕噜咕噜"地走到车站。车上没有广播,我一边注意不要让自己坐过站,一边悠闲地度过了两小时的电车之旅。本以为下一站就要到站,赶紧起身站到车门旁边,谁料车门打开后,却发现看板上写的站名跟我的目的地站名不

宁静的车站。

让人心旷神怡的露天桌椅。

太一样。正在我犹豫不决时，车门关闭，电车启动。就在这一秒，我意识到这一站就是自己的目的地站。刚才看到的看板上是用葡萄牙语写的"洗手间"。只好坐到下一站后再坐相反方向的车回来。

今天要入住的酒店由一家葡萄酒厂老板的家改建而成，是一家被葡萄田环绕的民宿。这里视野不错，可以俯瞰大片的葡萄田和流经的杜罗河。

这里的最高气温超过30℃，十分炎热，但是由于气候干燥，日阴处凉爽宜人，还有阵阵凉风吹过。餐厅的露台上坐满了人，午餐从下午2点开始供应。这里的生活节奏比东京慢很多，习惯的话真是很不错。这种悠闲从容的生活节奏正是我所向往的。

下午，我带着一份酒店提供的散步指南地图，出门四处走走。结果，稀里糊涂地在烈日下走了快一个半小时，总算是把地图和路边的各种标识看懂了。晚餐从晚上8点开始供应，餐厅里没有菜单，主厨会给出自己的每日料理。前菜豌豆汤十分好喝，带着少许薄荷的清香，紫洋葱碎则为顾客带来视觉上的完美点缀。

放空的一天　6月27日（星期六）

　　早上6点半开始出门散步，在葡萄田里爬坡下坡。这个时间，气温还没升高，天气凉爽宜人。太阳渐渐地从山的另一头升起，我前后走了差不多两个小时。一看手机上的APP（应用程序），这一路消耗的能量竟然相当于爬了62层楼！

　　餐厅里装饰得很漂亮，早餐从8点半开始。新鲜的橙色橘汁加上西瓜和哈密瓜，味道清新可口。有面包、丹麦酥，还有简单的烤蛋糕。蓝黄花纹的轻巧盘子已摆好，银质餐具虽然不大，但质感很好。看了一下品牌，是"Mafil"牌的。之前我没有听说过这个牌子，后来在网上搜索了一下，原来

是葡萄牙的品牌。自助餐的器皿可以做到白色和银色的统一，各种搭配都非常和谐！

早上走得有点累，吃完早餐就拿着一本书在露台的长椅上躺下来。就这么躺着，什么都不做，只有在太阳晒到脸时才起身挪一挪椅子的位置。午餐吃的是三文鱼牛油果沙拉和熏火腿芝士三明治，芝士香浓润滑，特别好吃。

吃完午餐也没有什么事情可做，嫌阳光太晒就躲在房间里写日记。午后又回到露台上继续看书。

参观葡萄酒厂　6月28日（星期日）

今天6点起床，继续出去散步。每天都是大晴天。看到田里干燥的泥土，我意识到这里似乎很少下雨。今天要去附近的站点坐游船参观。我走到河边，确认了登船点和出发的时间。

参观葡萄酒厂。酒厂里摆放着整列的葡萄酒酒桶。

离登船还有一段时间，我决定到街上去转转。可是，这里的街太小了，很快就走遍了。为了避日头，就近走进一家餐馆，坐在很有感觉的吧台前点了一杯冰可乐。室内冷气充足，凉快舒适。得知这里供应午餐后，我点了一份总汇三明治、一份薯条和水果沙拉，真是一顿奢侈的午餐。

下午2点半，游船出发了，船上的游客大约有15人。这艘船由过去往城里运送葡萄酒酒桶的货船改造而成。悠闲的游船之旅持续了两个小时左右，河岸两侧是一片片大坡度的葡萄田。船驶回岸边后，我们又参观了登船点附近的葡萄酒酒厂。

这里的葡萄田都是无机械种植，所以要依靠劳力。到了8月末，收获的季节开始。从村里召集劳动力后，由西向东慢慢推进，所有的葡萄全部采摘完毕需要4～6周时间。过去，村民们白天摘葡萄，晚上跟着音乐起舞。普通的葡萄酒大约需要发酵10天，而波尔图葡萄酒为了留住葡萄的甜度，只发酵2天就进行蒸馏，阻止其继续发酵。这种工序下生产出来的波尔

品尝波尔图酒。

从露台可以看到大片的坡面葡萄田和蓝天。

图酒口感甘甜，可以当甜品饮用。

参观的最后，终于到了我最期待的品酒环节。我和先生二人共品尝了六种葡萄酒，还喝了一点红宝石（Ruby）、茶色波特（Tawny）和佳酿（Vitage）。虽然我对葡萄酒不是很内行，但是这些酒色泽漂亮、香气诱人，有一种醇厚的甘甜，十分好喝！佳酿（Vitage）只在葡萄质量特别好的年份才会制作，是以年份命名的波尔图酒。2011 年好像是最近的好年份，所以售价很高。看来，并不是年代越久远的葡萄酒就越值钱。

今天继续放空　6 月 29 日（星期一）

昨天在外面晒了太多太阳，有点累，所以今天早上没有出去散步。6 点的时候自然醒，但没有起床，继续眯了一会儿。8 点半准时吃早餐。今天的早餐水果是猕猴桃、哈密瓜和无花果，新鲜可口。吃完早餐，又在露台上打发时间，查查邮件或看看书。

我休假的时候，每天没有固定的日程安排，唯一固定的就是吃饭的时间，其余都是自由时间。我不禁想起了妈妈说过的话："人到了快退休的年纪，开始重新建立与过去不同的属于自己的日常生活节奏。重要的是，为身体（body）、思想（mind）和心灵（spirit）每天做一些什么，这样才能过得开心。"比如，早起去健身，或者做农事。白天看看书和报纸，活跃思维。晚上看一些滋养心灵的书，听听舒缓的音乐，或者看一部电影。

就算是在休假，也应该安排一些运动、学习和愉悦心灵的活动，这样才能使生活保持健康的平衡。

夫妇时间 6月30日（星期二）

今日天晴，6点就起床出门散步了。在周围走了一圈，刚

路面太干燥了，一圈走下来鞋子都
变成了沙色！

88

好一个半小时，今天也相当于爬了60层楼。早餐的餐桌上继续"色彩缤纷"，令人心旷神怡。

今天看的书叫 *A Couple's Guide to Happy Retirement: For Better or For Worse... But Not For Lunch*，里面提到了不少有趣的观点。这本书主要讨论的是夫妻的相处时间，与人相处时，男人和女人的感觉是不同的，并且每个人的感觉也存在差异，还会受到家庭环境的影响。比如，对于男人来说，共处一室就是陪伴，但是对于女人来说，要是两人不说话就没有共处的感觉。就个体而言，有的孩子一个人睡觉也不会哭闹，有的孩子可以一个人玩得很高兴，还有的孩子一听到周围没人就会哭，这些都是每个人与生俱来的感觉差异。最后一点，感觉差异受成长环境的影响。有的家庭注重家人聚居，无论如何也不能分开，有的家庭则是分散式的各自生活，还有一些人会认为自己从小生活在有距离感的家庭里，等等。一旦夫妻之间对相处的感觉产生差异，丈夫容易感到寂寞，妻子则会对一直共处这件

事感到有压力，这时就会产生摩擦。由此想到自己，我和先生对于距离感的认识算是比较相似的，真是值得庆幸。虽然我们一起散步、一起吃饭，但是也十分注重各自独处的时间。这种观点不仅适用于夫妻关系，对于朋友之间的相处也同样适用。

今天在网上搜到了酒店使用的银器品牌"Mafil"的客服电话，请酒店的工作人员帮忙问到了在波尔图的什么地方可以买到，太棒了！

July
August
September

7 8 9
月 月 月

最后的早餐　7月1日（星期三）

　　今天在民宿享用了最后一顿早餐。气氛还是一样的好，令我印象深刻。

　　因为我决定不吃午餐，所以吃完早餐就在大厅里写稿子或看看书。但总感觉还不能打发时间，最后决定再去葡萄田里散散步。今天多云，不是十分炎热，是个散步的好天气。我和先生一起在山路上走了一个半小时，走完之后神清气爽！回到房间后洗了个澡，把能打包的行李都打包，然后早早地到露台上找个好位子坐下，悠闲地喝着葡萄酒。

　　晚餐时，前天入住的一位女住客过来和我们打招呼，问我"'晚上好'（原文为日语）是不是这样说的？"我回答"是的"，然后愉快地交谈起来。她说自己是法国人，先生是比利时人，和我们一样都是国际婚姻。

　　晚上吃的是烤鹌鹑沙拉。虽然菜单是不断重复的，但这道

菜是我最喜欢的料理，所以必点无疑！主菜是小牛排加卷心菜，甜点则是煮洋梨，又是一顿美味可口的晚餐！

我们还和其他住客道了别。一位犹太夫人给了我一张写有名字和住址的纸片，她的先生则礼貌地亲吻了我的手背。

返回法兰克福　7月2日（星期四）

今天又是大晴天！为了赶上火车，我们早上8点就从酒店出发。负责接送的女司机按时开车到达，心情愉快地在狭窄的山路上疾驰。听说她早上6点就开始在葡萄田里干活了，总是有做不完的事情。"虽然没钱去伦敦、巴黎，但是一家人健健康康的，有工作有收入，生活在这样风景优美的地方，我感到很幸福。"她这样说道。啊，做人就是应该有这样的心态呀！"下次9月份的时候来玩，那时候大家都忙着摘葡萄，你也来

炸鳕鱼饼，可以搭配蛋糕一起吃！

搭把手吧！"她发出了这样热情的邀请，让我很开心。

我在空无一人的车站等电车，然后坐车到康帕内拉站下车，直接前往一家酒店工作人员告诉我的厨房用品店。当我问店员有没有银制餐具时，得到的答复是：店里没有银制餐具出售，所有的餐具都是不锈钢的。这让我大感意外。记得之前住的那家民宿完全没有使用不锈钢餐具。店员还拿出他们店里的餐具给我看，都和酒店里使用的款式不同。我不死心，又去另一家店里找，结果还是没有找到。不过，倒是发现一路上有很多有意思的店铺。食材店、布店、餐具店等一家紧挨着一家。这跟东京的合羽桥差不多。我路过一家卖古董银器的店时，被这家的橱窗吸引，于是进店买了一个可以用来摆放饰品的小盘子作为纪念。

走进一家青年风格*的咖啡馆，里面售卖的几乎全是朴素的长崎蛋糕。我在柜台点完蛋糕和油炸食品，拿着小票找位子坐下后再点咖啡。我点了心心念念的炸鳕鱼饼，甜的蛋糕和咸

青年风格的装饰和门。

的炸鳕鱼饼虽然是一个奇怪的组合，但只要符合自己的口味，也未尝不可。我们这一桌点了两样东西，隔壁桌的大姐点了汤，与白色的桌布相映成趣。

在波尔图的机场坐飞机前往法兰克福，抵达的时候已经是晚上8点半。由于时间不早了，取完行李后，我们就在机场的餐厅里稍微吃了一点东西，然后直接返回经常光顾的酒店"käfer"。

---

* 青年风格 Jugendstil

19世纪末20世纪初的美术样式，这个名称源自19世纪末发行的德语杂志 *JUGEND*。类似法国的新艺术运动（Art Nouveau）和英国的工艺美术运动（Arts and Crafts）。青年风格的艺术家们注重美与实用性的融合，不仅创造绘画、雕刻等艺术品，还设计出大量的与生活密切相关的建筑、室内装饰、家具设计、纺织品和印刷物等领域的艺术作品。该风格的艺术作品多以自然曲线为主，线条柔和，适合日常生活使用。

拜访朋友家

一周前来法兰克福机场接机的朋友叫小斯（准确的叫法是斯坦因，因为她个子小巧，所以前面加个"小"字，大家都亲切地叫她小斯。她的全名叫 Ingrid Manzano-Stein）。虽然我们两人的年纪相差不止一轮，但是关系甚好。小斯是一位版画家，最近刚好在她家附近的美术馆和其他几位艺术家一起举办展览。于是，她带我们参观了展览，并邀请我们到她家做客。

我们一走进小斯家，便发现桌子上已经准备好了小吃，杯子里放着薄荷叶子，一旁摆着一大壶柠檬水。盘子里装着满满的时令水果樱桃、盐焗坚果和包裹着精美包装纸的杏仁点心。虽然准备这些东西不会特别费时间，但也足以体现她的用心。而且，这些都是十分健康的零食，香气宜人，让人十分喜欢。

小斯的新作品用色十分厉害，其中一系列让我想起歌舞伎中的明暗法。另一系列则是她数年前到我鹿儿岛的家中玩时找

96

到的灵感。"当时我对你家里挂的卷轴画很有兴趣，问你是什么意思，你告诉我'月亮是白色的，风是透明的'。"小斯说，她就是从这句话的意象中找到了灵感，由此创作出以月亮为主题的系列版画作品。

坐电车一路摇晃到萨尔茨堡　7月5日（星期日）

为了赶早上4点16分的城市专列电车，特意起了个大早。天还没有亮，外面一片漆黑。路边的公园里突然出现一群兔子，把我吓了一跳。我也不清楚具体有几只，它们似乎正在吃东西。这里位于法兰克福商品交易会大厦的附近，没想到还保留着这样的自然风景。

在法兰克福中央车站坐上了开往萨尔茨堡（奥地利）的电车。电车属于奥地利的国家铁路部门，车内的标识除了用德语表示外，还有另外两国语言：一种是意大利语，另一种是我从来没有见过的语言。我把标识读了几遍之后，总算弄清楚了这趟车可以一直开到布达佩斯。这么说来，刚才那个不认识的语言肯定就是匈牙利语了。这种陆地的连续性真是有趣！

到了发车时间，电车突然启动。在日本，发车的时候都会有响铃、播送广播或者鸣笛这样的信号。而在德国，电车都是悄无声息地就发车了。欧洲是一个只对自己负责的社会。

前往萨尔茨堡的途中经过斯图加特和慕尼黑。在慕尼黑站上来一对日本夫妇，在我们对面的位子坐下。两人都已退休，特地长途跋涉前往萨尔茨堡，想看看《音乐之声》的取景地。夫妇建议去米拉贝尔宫和花园游玩，于是我们也决定去看一看。这个游览目的地真是得来全不费工夫。

大约 6 个小时后，电车抵达萨尔茨堡站。在车站的咨询台领取地图后，坐公交车前往酒店。途中发现了一家气氛不错的露天酒吧和有露台座位的咖啡馆。一到酒店，放下行李，赶紧

左 / 晚餐在前往酒店途中发现的露天酒吧解决。右 / 卖相普通但相当好吃的巧克力蛋糕。

出门直奔刚才经过的咖啡馆小憩。我点了一块巧克力蛋糕，一看价格大感意外，一片蛋糕 3.8 欧元，真是美味至极。奥地利真不愧是蛋糕之国。

一边散步一边在咖啡馆小坐　7月6日（星期一）

今天是个大晴天，天气预报说气温超过 30℃。我想，既然好不容易来到了萨尔茨堡，就应该听一场音乐会。我先把各种免费报纸上的消息都看了一遍，再仔细比较，最终选择了地方报纸上刊登的（米拉贝尔宫）大理石厅音乐会（Schlosskonzert im Marmorsaal）。这场音乐会将由颇具潜力的年轻音乐家演奏，"Marmorsaal" 的意思是 "大理石大厅"。虽然我对音乐会的具体曲目安排不太清楚，还是事先在网上买了演出票。

吃完早餐，出发前往河对岸的萨尔茨堡要塞（Festung

流经城市中心的萨尔察赫河。

Hohensalzburg）。我和先生一边闲聊一边从大教堂抄小路走。这时，一位大腹便便的老先生跟我们打招呼："如果懂德语的话稍微聊一会儿吧。"于是，老先生在烈日下开始侃侃而谈。他先是讲到了天然盐的事情，据说萨尔茨堡就是靠产盐富有起来的。以前，大家吃的大多是北奥地利产的盐，现在为了让盐保持干爽常常会在里面添加铝的成分。然后，老先生开始讲述自己的经历。几年前，他遭遇交通事故颈椎骨折，导致下半身瘫痪。医生让他坐轮椅，但是他没有接受科学的治疗，而是用自己的方法重新站了起来，甚至恢复到可以开车的水平……烈日之下听这个无关紧要的事情，让人有点失去耐心，不过说的事情倒也算有趣。

　　我又往前走了一小段路，感觉有点口渴，找了一家咖啡馆坐下喝点水。然后，继续往萨尔茨堡进发。街上游客众多，于是我们拐进一条小巷子，一下子就看到了一家诱人的面包房，抬脚就往里走。一位亲切和蔼的大婶端上来一碗奶油土豆汤，

大教堂的背面。

买了当地特产的食盐作为伴手礼。

足有一大海碗，配料是芸豆，再加上面包，真是太满足了。这里的食物充满着家的味道，让人安心。其间，看到有熟客进门就问"今天喝什么汤"，然后一边和大婶聊天一边吃午餐，真是一家温馨有爱的店。

旅行途中最大的问题就是吃饭。披萨、意大利面虽然十分方便，但是很快就吃腻了。可是，去那些正式的餐厅，不点一桌子菜又不好意思，所以我极少去。我常常会寻找那种进店毫无压力又能吃到新鲜蔬菜的小店。于是，旅行中总是有很多关于吃过的食物和去过的餐馆的记忆。

我们一路走回酒店。萨尔茨堡的主要交通工具是公交车，我到这里的第一天买了一张一日通，结果发现这里几乎都是小路，从观光的角度来讲还是更适合步行。这里不仅是喜欢步行人士的天堂，路边还能遇上法国食材店，可以直接在店内用餐。于是，我们在这家店里解决了晚餐。

餐毕，太阳还未下山，外面依旧酷热难当，我们便到河边

从萨尔茨堡要塞俯瞰城市景色。

散步，享受丝丝凉意。途中发现了一家不错的咖啡馆，于是坐下来喝了一杯咖啡，享受日暮时分。爸爸常说他十分喜欢在银座度过的黄昏。这时，大家结束了一天的工作，开始享受放松的时间，是最让人开心的时刻。萨尔茨堡的黄昏虽然来得很迟，但是气氛和东京一样，真是一段美好的时光！

米拉贝尔花园和音乐会 7月7日（星期二）

我收到日本发来的邮件才知道原来今天是七夕。天气继续闷热。我们又去了昨天傍晚发现的那家咖啡馆，坐在外面的长椅上吃早餐。木质的长椅可以容纳 3 个人，正中间的位置是餐桌，很有创意的设计。

今天参观了莫扎特出生的地方。15 岁的莫扎特在意大利写给妈妈的信中有几句话让人印象深刻："我的手指几乎已经

左 / 漂亮的野玫瑰。右 / 莫扎特故居资料馆深处的一家咖啡馆。

疲惫得无法弹钢琴了。请帮我祈祷能尽快写完曲子并演奏成功。这样，大家又能一起快乐地生活了。"

穿过米拉贝尔花园时，看到一对身着正装的男女正在背阴处演奏小提琴，感觉像是学生在练习。我们坐在长椅上，一边看着游客们在石子路上走来走去，一边欣赏小提琴乐曲。真是不可思议的美好时光！

再走一段路，便来到了莫扎特故居的资料馆。往里走，发现了一家有露天座位的咖啡馆，于是在这里吃了午餐。我点了一份奥地利特色菜牛肉清汤，不一会儿服务员就端上来一份包括蔬菜、面条和小块牛肉的汤。虽然口味清淡，但是层次丰富，十分美味。周围布满了鲜花，用餐环境相当好！我顺便还学习了一下野玫瑰爬墙的方法。

回到酒店后，稍微午睡了一会儿，然后洗澡整理，准备参加音乐会。我从带来的衣服中选择了一套看起来相对正式一点的，又搭配了一双靴子。傍晚，我们确认过会场的位置后，准

左 / 音乐厅的入口，除了门扇以外，其他部分都是大理石材质。右 / 维也纳萨赫酒店的主菜。

备找地方吃晚餐。本来想在吃午餐的那家店继续吃晚餐，谁料晚上关门了，只好紧急决定去著名的维也纳萨赫酒店的餐厅吃饭。我点了盖着煎鱼肉的柠檬口味烩饭，搭配野生芦笋。烩饭的口味和米饭的软硬度都绝佳。

我在音乐厅所在的建筑里发现了户籍登记处，也就是通常提交结婚申请的地方。这里好像还有一部分地方给市政厅办公用。从一楼的入口进入后，发现整个建筑都由大理石构成，音乐厅也是如此。粉色、浅蓝色、红色等各种色彩都能在里面找到。音乐厅里的吊灯也十分豪华。我还是第一次听到大提琴和钢琴的合奏，非常棒。演奏大提琴的年轻女性想必真的非常喜欢这种乐器，每次演奏间歇都会露出发自内心的愉快笑容。

走在老街上 7月8日（星期三）

今天是在萨尔茨堡的最后一天，我们打算去还没有逛过的老街（Altstadt）看看。一边漫步街头，一边寻找着在网上发现的老咖啡馆。由于主路正在施工，观光客和毕业旅行的学生都拐进另一侧安静的小巷。路边有很多家出售当地传统服饰的小店，每到特别的节日，很多人会穿这种传统服饰。现代风的设计使服饰五彩缤纷，虽然略显浮夸，但是很好看。我们要找的老咖啡馆"Schatz Konditorei"也在这条街上。我点了巧克力泡芙和覆盆子派，在这里休息了一会儿。离开的时候，隔着柜台请老板娘结账。谁料，她开口问道："莫非你们是我们的学徒某某的爸妈？"我大感意外，大概她口中的某某是个东南亚人，跟我们长得有几分相像吧。

走出咖啡馆，我们继续在老街上闲逛。在被誉为萨尔茨堡特产莫扎特巧克力球的发祥地的菲尔斯特糕饼店

以萨尔察赫河为界，分为新街和老街。

（Konditorei Fürst），我们买了一点小礼物准备送给马上要去拜访的苏黎世友人。午餐继续去昨天光顾过的莫扎克咖啡馆，不少当地的上班族也在那里吃饭。在喝红烩牛肉汤时，天空突然下起倾盆大雨。我们便躲到闷热的店里，点了一杯热柠檬汁，等待雨停。可是，大雨没有要停歇的样子，我们便决定冒雨跑回酒店。雨打在身上，稍感凉意，和平时的酷热完全联系不起来。

在房间里稍事休息，洗了个澡，整理好行李，又出门了。这次外出是要找吃晚餐的地方，结果我们发现了一家颇具当地特色的类似居酒屋的小店，点了沙拉和烤蔬菜，吃完后着实松了一口气。想想自己在旅行途中常常忙着找店吃饭，以后要是有朋友从国外来东京玩，我一定亲自下厨，在家里好好招待他们。

好棒的竹桶，是购物时用来装东西的吗？

啤酒配小吃，很棒的搭配！

坐火车跨境来到瑞士 7月9日（星期四）

每次准备前往陌生的地方时，为了避免迟到，总是早早地出发。今天也是如此，早上5点半就出发前往苏黎世。虽然从斯特拉斯堡站到苏黎世站之间要经过多次转车，略有不便，但这种火车之旅也别有一番乐趣。首先，火车经过慕尼黑站后，我们在乌尔姆站换乘。在车站里，我隔着一群小学生研究指示板上的地图和说明。这时，听到一个女孩子对正在专心看地图的朋友说："哎呀，女人还看地图？这不是添乱吗？走开，走开啦！"这语气真是透着几分可爱。

根据指示板的介绍，原来这里是爱因斯坦的出生地。难怪车站便利店里卖的马克杯很多印有爱因斯坦眨眼的照片。

下一个换乘站是沙夫豪森站。火车已经离开德国国境，到了瑞士境内。我一直很想一游的博登湖映入眼帘。湖面开阔得如同大海一般，水面几乎与地面持平，真是不可思议的

景象！岸边没有水泥堤坝，水流从平地汇入湖中的画面既好看又新奇。

火车慢悠悠地前进，晚点到达沙夫豪森站。我们心存侥幸地希望还能赶上换乘时间，和另一对乘客一起拎着行李箱（他们还带着婴儿和推车）下了火车便朝换乘站台跑去。站台里没有电梯，大家只好沿着楼梯跑上跑下……可是，我们到达时，火车已经开走。我们走到站台里侧的服务台问了一下，得到的回答是："火车已经开走，下一班车一个小时后到达。"算了，那就没办法了。好在沙夫豪森站离苏黎世站也不算太远，而且我15年的老友伊冯娜应该会来苏黎世站接我们。

从早上出门开始，经过7个小时的火车之旅，我们终于抵达苏黎世。在车站见到伊冯娜时，我跟她左、右、左地贴面亲了三回！此时的我欣喜不已，总算是松了一口气，一身的疲惫也早已不知跑到哪儿去了。

这里是瑞士的苏黎世。车牌上印有国旗和州旗的图案。

漫步阿尔卑斯 7月10日（星期五）

　　伊冯娜的家位于可以俯瞰苏黎世湖的高地上。从阳台向外眺望，风景简直太棒了！一大早就能看到有飞机从苏黎世湖上空飞过，前往机场降落。伊冯娜的先生告诉我一款手机APP，可以查看飞机的航班，从而知道眼前的这架飞机是从哪里飞过来的。清晨飞抵的航班以亚洲线路为主，包括从香港、东京起飞的航班等。这还挺有趣的，但同时也让我觉得有点可怕。

　　今天天气很好，我们打算在阳台上吃早餐。虽然这里是瑞士境内，但仍属于德语圈，在文化方面跟德国比较相近。早餐果然要吃水煮蛋。被问"煮几分钟"后，我按照自己喜欢的硬度口感给出了煮蛋的时间。我喜欢相对硬一点的煮鸡蛋，所以要求煮8分钟，比其他人都要煮久一点。大家似乎更喜欢吃溏心蛋，基本只要求煮3～5分钟就好。

在露台上吃水煮蛋早餐。

吃完早餐，伊冯娜带我们去爬山。中途经过我喜爱的瑞士巧克力品牌"妃婷"（Felchlin）的总公司和商店，顺便进去逛了一下。"妃婷"巧克力是用年代悠久的机器长时间搅拌后生产出来的，所以香气特别浓郁。

阿尔卑斯山脉由东向西横跨瑞士，在卡劳森山口（Klausen Pass）有一段 46 千米长的徒步路。如今，这段路线在骑行爱好者中颇具人气，弯弯曲曲的山路上不乏骑行者的身影。他们在道路边缘骑行，让人看得胆战心惊，虽然惊险，却不失为一道美丽的风景线。这里有无边无际的蓝天、碧绿的大山、无名的野花和阿尔卑斯玫瑰，还有不时飘来的牛的气味。伊冯娜的先生告诉我们，到了夏天，在山上吃草的牛喜欢跑到陡坡上，一不小心就从坡上滑下，这时人们就会出动救援直升机把牛吊上来。

在慕尼黑喝啤酒　7月11日（星期六）

今天告别了苏黎世，前往下一站慕尼黑。这次，我们选择了无须换乘的直达列车。订的酒店距离车站只有一分钟路程，位置十分便利。酒店正门旁边就是挂着红色灯饰的脱衣舞酒吧。欧洲的车站周围经常会有一些色情场所分布，我们都装作没看见。

在慕尼黑没有熟人给我们带路，所以我们只好自力更生，在酒店取来地图，决定先走去市中心看看。酒店的工作人员给我们推荐了几家小吃店和经典的啤酒花园，总算是来到了啤酒王国慕尼黑。

沿着老街闲逛，一边寻找著名的露天谷物市场（Viltualien Markt）和高级食材店达鲁玛雅（Dallmayr）。沿街是传统的公寓和各种手作木工店、毛毡店等，到处是赏心悦目的橱窗。

我们在返回酒店的途中遇到了示威游行的队伍。一开始看

左 / 五彩缤纷的毛毡店橱窗。右 / 在户外喝啤酒是最爽的事。

到大批警察严阵以待，不明白是什么情况，仔细一看原来是反移民团体"PEGIDA"正在游行。另一边，反对该团体的年轻人举着"促进各宗教友好相处"的标语等待游行。气氛相当紧张。

入夜，我们前往酒店人员推荐的啤酒花园。巨大的花园里种着高大的七叶树，摆放着许多桌子和椅子。在这个注重传统的地区，即便是在啤酒花园里也有各种各样的规则。这些规则对于不太了解情况的外国人来说或许有点冷漠。我叫了一个服务生，得到的回答却是："这桌不归我服务。"一会儿，负责我们这桌的服务生过来点单了。没想到啤酒的最小规格就是1升！我们点了慕尼黑有名的白啤酒，还点了烤猪排和紫甘蓝生火腿沙拉。对于积极点单送餐的服务生，我们给起小费来也很大方。

白肠达人 7 月 13 日（星期一）

昨天就打定主意，今天的早餐我们要品尝一下慕尼黑的特产白肠。按照传统的习惯，白肠要在上午 11 点之前吃。白肠是把小牛肉添加柠檬或欧芹后制成的口味较清淡的香肠。由于过去没有冷藏技术，人们只能一大早把白肠做好，然后在几小时内吃完。

我们走进一家位于露天市场的肉店，点了两份白肠和白啤酒。白肠剥去外皮，蘸甜芥末酱吃。配菜是慕尼黑的特产椒盐卷饼。

下午，出发去朋友力荐的"Glyptothek"。"Bibliotek"倒是听说过，这个"Glyptothek"是什么呢？原来，它是希腊语"雕塑馆"的意思。那么，"Bibliotek"应该就是"图书馆"的意思吧。如果想要学习欧洲的语言，希腊语和拉丁语是基础。我们按照地图找到了雕塑馆，可惜的是今天周一闭馆。是啊，全世界有很多美术馆和博物馆似乎都在周一闭馆。明天再来吧。

左 / 希腊宫殿一般的雕塑馆。右 / 慕尼黑的特产白肠。

安德赫斯修道院　7月14日（星期二）

二三十岁的时候，我特别喜欢看旅游和美食方面的杂志。美国的 *SAVEUR*、英国的 *FOOD & TRAVEL*、澳大利亚的 *Vogue Entertaining and Travel*，这些杂志我都长期关注，也看过很多遍。其中，有一篇游记介绍的是矗立于慕尼黑附近山上的安德赫斯（Andechs）修道院。看过那篇游记后，我就一直想着总有一天要去那里看看。

安德赫斯修道院属于圣本笃体系的修道院，从中世纪开始就经营啤酒酿造业务＊。安德赫斯修道院生产的啤酒在日本也能买到，标签上写着 "Andechs SEIT 1455" 的字样。修道院里也设有啤酒花园，可以一边欣赏美景一边畅饮。因为之前在网上做过功课，所以这所修道院成为此次欧洲之行的几大"朝圣"目标之一。虽然距离遥远，但我还是想去看一看。

我从慕尼黑坐城际快轨 S 线（S–Bahn）到离修道院最近的

天花板上的美丽装饰。

赫尔辛（Herrsching）站，穿过街道，步入山路，在森林中走大约5千米，就到了海拔690米的安德赫斯修道院。途中穿过花草茂盛的广场，最后一段路变成了有台阶的陡坡。如果按照普通人的体力，估计要走一个多小时。

美丽的教堂呈现在眼前，外墙上固定着许多木制的大十字架。一开始我不明白它有什么含义，阅读了上面的文字之后才知道，原来是在二战中逃命、背井离乡的西里西亚人为了朝圣把十字架背到这里来的。这些十字架至今仍在诉说着过去的故事。

来到教堂背面，我发现了一家啤酒花园。在奋力走了一个

---

*中世纪的欧洲分布着许多修道院。所谓"修道院"，是一种信仰耶稣、学习基督教教义、以祷告和劳动为主的共同生活组织机构。修道院提倡自给自足，农业、饮料（葡萄酒、啤酒）生产、医疗、木建筑修建等都是其从事的产业。因此，修道院成了储藏了大量知识的宝库，也由此诞生了先进的研究和新型技术、进步的医疗、药品和美酒等。此外，修道院还有另一项功能：留宿旅客、收留病人或穷人、做各种服务大众的事情。当然，提供无偿的照顾需要有资金支持。仅靠社会捐助的资金是不够的，修道院售卖自产的物品便成了重要的收入来源。农作物、葡萄酒、啤酒、利口酒和药品等各种修道院的产品渐渐成了当地特产，许多产品的生产一直延续至今。

在柜台取啤酒，然后找个自己喜欢的位子坐。

多小时后，能喝上一杯啤酒，真是格外美味！令人吃惊的是，这里的啤酒花园简直就像老人之家的茶室一样，甚至可以直接开车到这里。毕竟，大家都开心才是最重要的。今天，我也算是圆了长久以来的一个梦。

在法兰克福街头散步 　7月15日（星期三）

又回到了法兰克福，今天决定悠闲度日。我在咖啡馆和餐馆遍布的街头发现了一个有趣的狗狗饮水吧。德国人特别喜欢狗，大多数人把狗视为自己的家庭成员，而狗几乎能跟着主人去大多数地方。一般的电车可以带狗上车，"ICE"这样的高速列车也可以带宠物乘坐。狗狗可以进入绝大多数的餐馆，我还见过有人带着狗狗在商场逛街。狗狗的饮水吧在街上随处可见。

狗狗饮水吧。

小麦粉修道院　7月16日（星期四）

　　我们从法兰克福坐车沿着莱茵河一路前行，经过吕德斯海姆后沿山路上行，就能找到圣希尔德加德修道院。从法兰克福开车过去差不多一小时车程。

　　下车后步行，我发现教堂的四周是开阔的葡萄田，还可以俯瞰流经的莱茵河，风光旖旎。修道院的名字取自一位生于中世纪的德国女性希尔德加德·冯·宾根。最近，她的教义得到正名，市面上出现了很多关于其教义的书。其中，不少书中出现了"斯佩尔特小麦"（Dinkel）这个词。

　　圣女希尔德加德认为斯佩尔特小麦是一种对人体最有益的谷物，食用后使人身心健康。斯佩尔特是小麦的原种，是一种有千年历史的古代谷物，含有丰富的维生素、矿物质、氨基酸和膳食纤维。它不会像普通的小麦粉、大麦、麦片、裸麦那样在食用后可能会引起过敏。最近，市面上可以买到用斯佩尔特

希尔德加德在世的时候也有这样的植物园吗？

小麦做的面包、薄脆饼、饼干和意大利面等。

走进修道院的教堂，里面的彩绘玻璃非常漂亮，用玻璃彩画展示着希尔德加德的一生。可以在中世纪男性社会的教会中成为领导者，真是不可思议！希尔德加德到底是怎样的一个人物呢？学识渊博自不必说，她的魅力甚至大到能说服罗马教皇，让她组建自己的女子修道院。

修道院里也有礼品商店。既然开在修道院中，我想出售的大概是十字架、《圣经》或者宗教意味浓烈的明信片之类的物品，谁料事实跟我想的完全相反。整个店铺色调明快，出售的商品五花八门。教堂正前方就是一个花园，种植着各种鲜花和香草，不时有蜜蜂和蝴蝶飞舞其间。花园里有长椅，可以坐下来一边眺望莱茵河的美景，一边享受自然之乐。礼品商店里出售以鲜花为主题的卡片和文具等可爱的杂货，还有修女们自制的葡萄酒、餐后酒、食谱、小麦粉、斯佩尔特小麦面包和饼干等。负责销售的修女个个热情开朗，愉快地跟顾客打着招呼。

这不禁让我改变了一直以来对修女的刻板印象。

扫墓 7 月 19 日（星期日）

今天早上，我搭乘最早的一班车前往杜伊斯堡，去给外祖父扫墓。昨天我提前打电话确认，得知墓地门口的花店周日不开门，所以今天在中央车站买了两束外祖父最喜欢的玫瑰花。

扫墓刚一结束，外祖父的女朋友（83 岁）和她的女儿女婿就开着车来接我们了。一行人前往老人入住的老人之家，我们上一次见面还是春天的时候。我把准备好的另一束玫瑰花送给老人，她说："果然不出所料，知道你们要来玩，我本想买一束花插起来，不过心里想着你一定会带花来，所以只准备了花瓶。"

老人住的是单人间，虽然不宽敞，但是带洗脸池和浴室，能保证个人隐私，相对来说比较自由。而且，这里还允许自带家具，可以按照自己想要的方式生活。一日三餐由老人之家提供，房间的打扫工作有专人负责，衣物也可以交给服务人员来清洗。这让精力尚佳的老人有些不适应："虽然过得像做梦一样舒服，但是无事可做也有点无聊。住老人之家对于我来说好像有点太早了。"老人因为偶尔想自己做一点东西吃，所以正在申请换到带厨房的房间。

在参观过老人的房间后，大家又一起出去散步。漫无目的地在街上散步是最开心的事。走着走着，一路经过了旧城墙、老教堂，还有迷宫似的连接着各处的便捷小路。古老的建筑里仍住着人家，玄关的门和窗框都漆得五颜六色，有些还装饰着美丽的鲜花，叫人光是看到就心情愉悦。这一路上，我发现了好几扇非常漂亮的门。

带着朋友逛法兰克福　　7月20日（星期一）

酒店附近有一家我一直很想去的德国老式便利店（Wurst und Backstube，直译是香肠和面包的烧烤小屋），于是打算今天去一探究竟。到了店里一看，只见孩子来这里买下午的小点心，附近工地的工人在这里买早餐，进进出出，好不热闹。业务繁忙时段，小店老板全家出动为顾客结账。这种家庭式的小店真温馨，我很喜欢。于是，在店里买了水果、夸克奶酪、面包和咖啡当早餐。

前几天我去瑞士的苏黎世拜访了好友伊冯娜，今天就收到了她要来参加爸妈金婚仪式的消息。她和先生今天到达法兰克福。于是，我赶去中央车站接他们。

大家一起前往"手工制造"（Manufactum）咖啡馆。过去的德国是一个匠人之国，可是，如今在全球化的浪潮中，越来越多的东西是在国外利用廉价劳动力生产出来后再进口到国

左 / 玻璃杯里装着满满的薄荷叶，直接把水倒入杯子饮用。右 / 在"Manufactum"咖啡馆的露台享用蘑菇汤。

内。怀着对这种现象的质疑，"手工制造"咖啡馆的创始人在1988年创办了这家汇集匠人手工制作的生活杂货店。最初，这家店通过寄送商品目录，以邮购的形式做销售。目录中会详细介绍商品的制作过程，修道院生产的副食品也有出售。

我点了一份蘑菇汤，伊冯娜点了一份乳蛋饼，她的先生则点了一份芝士沙拉。我们在咖啡馆里小憩，一边看着法兰克福的银行职员陆续从办公楼里涌出。很多人穿着正统的西装制服。

离开咖啡馆，我们继续漫步法兰克福街头，逛了证券交易所、欧洲中央银行、厨房用品店、室内装饰店、文具店、食材店等地方。最后，我们直奔百年咖啡馆"瓦克的咖啡馆"（Wacker's Kaffee）。今天天气好，露台的座位非常抢手。眼尖的我发现咖啡馆室内靠里侧还有一张小桌子空着，运气真不错！我很喜欢店里的复古情调，又在这家店里享用了咖啡和草莓芝士蛋糕。

金婚纪念　7月21日（星期二）

今日天晴，万里无云，是典型的夏日好天气。今天将要举办爸妈的金婚纪念仪式。我先整理好回家的行李，把在飞机上穿的衣服放在最靠外的位置方便拿取，然后把行李放在酒店的寄存处。接着，坐出租车前往金婚纪念仪式的会场。

会场位于酒店一楼的法式餐厅。我们邀请了包括爸妈的朋友和我的妹妹（在法兰克福生活）在内的亲友共25人，大家围坐在一张大桌子旁共进午餐。餐厅的天花板很高，通往露台的门也敞开着，整个房间十分敞亮开放。

仪式开始前的大约半个小时里，陆续有客人到达。露台上安排的是立式自助餐，放置着高脚桌，有侍者专门提供气泡酒（德式香槟）。见到久违的好友，爸妈非常开心，不停地和大家拥抱、亲脸颊，又一边寒暄问候。客人间有不少人是初次见面，于是便互相自我介绍，结果大家相谈甚欢。虽

然有不少客人我也是第一次见，但毕竟都是爸妈或妹妹的朋友，所以三句两句就聊开了（用英语来说是"mingle"，即不需要别人在中间介绍，自己向各位客人做介绍，然后就聊起来）。

今天的来宾年龄从40岁到80岁都有，既有德国人也有日本人。让人印象深刻的是他们风格各异的着装。有人穿着整齐的西装或漂亮的连衣裙，因为天气好，也有人解开两颗衬衫纽扣，卷起袖子，还有人是无袖T恤配短裙这种日常的打扮。总之，大家都按自己的喜好选择着装。我今天穿了一条紫红色过膝翻领连衣裙，搭配了一双黑色平底鞋。

在工作人员的催促下，大家入席就座。老友主动站起来说一些祝贺的话，因为是多年的好友，说话间不时夹杂着过去的回忆。接着，大家干杯，金婚纪念仪式正式开始。之后，大家一边用餐一边聊天，中途我还向大家表示感谢。最后，由爸爸代表他们二人向大家致辞。这是一场以爸爸为中心筹划举办的宴请老友的金婚庆祝仪式，整场活动热闹自然，符

合爸妈的风格。

仪式结束后，我将启程返回日本。

飞抵成田机场　7月22日（星期三）

飞往日本的途中狂风大作，飞机摇晃得厉害，不过总算平安抵达成田机场。时间已是下午2点多，我在机场买了水和百力滋（本来是想买仙贝的），因为行李太多就租了一辆车开回市中心。途中拆开百力滋吃起来，真是久违的日本味道。话说，这个百力滋莫非是由德国的椒盐卷饼改良而来的？我的脑中第一次冒出这样的想法。

东京天气炎热，门窗紧闭的家里也很热！一进家门，我赶紧打开各个房间的窗户通通风。然后，打开行李箱开始整理行李。先把所有的东西都拿出来，贵重物品、现金、脏衣服、干净的衣物、伴手礼等一一分类归纳。要洗的衣服扔进洗衣机，要寄的东西也一一分类，尽量把能做的事情做完。

为了尽快调整时差，我今天没有午睡，尽量挨得晚一点入睡。下午出去买了点东西，晚上吃炒面。还在德国的时候，先生就吵嚷着想吃炒面了。今天，我在炒面里加了很多蔬菜。饭后，我悠闲地翻看着积攒了一个月的报纸，晚上9点前洗漱休息。

久违的东京　7月23日（星期四）

我由于时差的缘故会半夜醒来，有两个小时一直睡不着。翻看了一会儿报纸后，终于再度入睡。早上8点起床，睡眠时间比较充足。

昨天买了早餐要吃的酸奶和水果，但是家里没有面包了，便决定把冰箱里的红薯吃掉。将红薯切成2厘米宽的薄片，放入平底锅内加热好后，用饼干夹着抹点巴旦木酱吃，味道比我想象的要好得多。

吃完饭，继续昨天的洗洗刷刷和整理工作，将带回来的伴手礼整整齐齐地摆在桌上。同时，开始准备回鹿儿岛的行李。11 点出门去理发店。为了转账，我中途去了一趟银行。完成这些事情后，已是下午 2 点半。于是，走进一家咖啡馆小憩，然后一直走到新桥。日本的街道真是整洁，走在街上的路人也都把自己收拾得干干净净的。日本到底还是跟德国不一样，大家都穿戴整齐，一丝不苟，让人心服口服。

昨晚看的 *The Japan Times* 上介绍了一本用英语写的关于和服（Kimono）的书，里面写道："到了明治时期，和服不再发展，和服文化渐渐衰退。发展一旦停止，保留下来的就只有陈旧的老一套，使和服文化变得越来越刻板。因为，保留规矩的相对面就是无法加入新的东西。结果，和服成了在特别的日子才会穿的服装，这样太可惜了。"作者山本耀司（Yohji

Yamamoto）表示："我不想去和服穿衣教室再穿，想自己随意地穿和服！"

我先去德国葡萄酒店买了葡萄酒，又到超市购物一番，这才折返回家。晚餐吃沙拉和煎鳕鱼。闲暇时，我还做了明天拍照用的山药芝士蛋糕。

冰箱里的库存　　7月24日（星期五）

有些食材只需放进冰箱冷冻就能方便地拿出。培根和奶酪整块买来后切成小块放进冰箱储存。培根切成1厘米厚的小块比切成薄片更有嚼劲，吃起来更加美味。整块的培根价格较贵，选择相对大块的那种性价比会高一些。然后，把培根按一次用量（大约50～80克）切成小份，包上保鲜膜，放进冰箱冷冻。它只需提前一天解冻就能正常使用。

冰箱里只要有奶酪、培根和香肠就能做饭。

另一样整块购买的东西就是天然奶酪。擦成碎屑的帕尔玛干酪虽然用起来方便，但是香气都已经跑光了。我把奶酪整块买回家，然后自己切成小块冷冻，不仅价格合算，还能长时间保留风味。做意大利面的时候，把整块奶酪解冻后擦出碎屑，撒在面上即可。

只要有奶酪和培根，不管做什么样的西餐都能增加浓郁的风味和口感，简简单单就能做出一道成功的美味菜肴，还可以用来做烩饭、奶酪烤菜、意大利面、浓汤等，好用百搭，这也是奶酪和培根招人喜欢的地方。

前往鹿儿岛　7月25日（星期六）

我先坐飞机到鹿儿岛，然后把停在停车场的车子开回鹿屋。发短信给淑子姐，才得知外甥媳妇已经生了！恭喜！宝宝和淑

"Mami's Cafe"大红色的外墙非常抢眼，看着就让人活力满满。

子姐还是同一天生日。

从机场开往鹿屋的途中，在垂水道站前的"Mami's Cafe"前停留了一下。这家店专门售卖新鲜果蔬汁，每次路过都要点一份招牌果蔬汁（名叫"心情果汁"），不过夏天的时候还是喝苦瓜汁比较多。因为混合了水果汁，增加了甜度，所以喝起来一点也不苦，让人活力满满的感觉。到达鹿屋的家中后，要做的第一件事就是打扫房间。

前往鹿儿岛　7月27日（星期一）

因为淑子姐去东京了，所以我们把姐夫叫来家里吃德式冷餐。有从国外带回来的奶酪、在东京德式面包房买的瓜子面包、刚从地里摘的胡萝卜、从鹿屋的肉店"福留小牧场"买来的生火腿和迷迭香火腿，还有醋腌杏和虎皮椒。这个虎皮椒是模仿

在瑞士吃到的美味烤蔬菜做的。先把青椒切开，锅内倒入少许橄榄油，然后把青椒放入锅中煎炒，看到表皮微微皱起后撒上盐和小茴香籽，又香又好吃。饮料则是冰镇白葡萄酒。

在这种大热天里，不用开火的冷餐既能让掌厨的人轻松料理，也能让吃饭的人不会大汗淋漓，简直太棒了！

适合大扫除的好天气　7月28日（星期二）

到昨天为止，鹿屋一直下雨。不过，今天是个难得的好天气。一大早，我就用蒸汽清洁机把已经有少量霉菌滋生的浴室清洁了一遍。窗帘、地毯等布制品则挂到室外晒太阳、除湿气。不管什么东西经过太阳一晒，就会变得松软，还会散发出太阳光的味道，让人心情愉悦。

另外，我把食品库也整理了一遍。就算平时已经比较注意，但是随着生活的进行，东西还是会越来越多，收纳场所也开始变得乱七八糟。如果已经到了看不下去的地步，那就挤出一点时间来做一下整理。先站在自己觉得乱糟糟的地方前面，什么都不做，只是盯着看，然后自己分析是哪个地方出了问题。

鹿儿岛家里的食品库其实就是一个简单的木制多层架。架子上摆放着储备的食物、饮料、平时用不到的厨具（烤糕点时用的模具等）、花瓶和垃圾袋等。虽然可以自由取放物品，十分方便，但是仔细观察后还是发现了两个问题。首先，有太多小东西摆在一起。为了解决这个问题，我把空果酱瓶和盖子统一装在大的竹筐里，密封罐也统一收纳在大箱子里，家一下子变得整洁许多。

其次，就是垃圾的处理问题。对于生鲜垃圾，厨房里有专门的处理空间。但是对于那些可以循环回收的易拉罐、塑料瓶之类的垃圾，就没有一个固定的收纳场所了。在鹿儿岛的家所处的区域，每两周回收一次可循环垃圾，平时先把瓶瓶罐罐装进

看不下去的时候就把食品库整理一番。

塑料袋放在食品库的底层。为了解决这个问题，需要一个多大尺寸的可回收垃圾箱呢？我测量了一下可放置垃圾箱的空间尺寸，记在手机的备忘录上。这是我接下来要完成的"新工程"。

洗碗机　7月29日（星期三）

新的一天从餐具的整理开始。话说，昨晚家里来了客人，虽然做的是简单的德式冷餐，但是餐具还是得按人头来算，数量怎样都不会少。东京的家里没有洗碗机，不过鹿儿岛的家里安装了一台，每次招待客人的时候就轮到它大显身手了。晚餐结束后，我马上把餐具归拢放进洗碗机，在睡觉前再拉开机门。玻璃杯的话，擦干水渍后整齐地摆放在柜子里，茶杯则是甩干底部的积水后放置一晚。因为是用热水洗过的，所以杯子的余热足以使水分在晚间蒸发完。

周游大隅半岛　　7月30日（星期四）

　　我最近在参与鹿屋市计划在11月推出的观光车游览项目。我的主要工作是协助考察大隅半岛的各种观光景点，让大家更多地了解大隅半岛的魅力。

　　今天，收到了游览项目的提案，鹿屋市政厅的木之下先生和茶园先生带着我一起前去考察可行的观光地点。首先要去的是自己很喜欢的花濑自然公园和旗山神社。去花濑自然公园前，两位先带我参观了一下公园附近的食品加工制造商"命纹会"的生产车间。

　　"命纹会"是当地的女性协会，以制造和出售味增、腌菜、肉桂团子和竹叶便当等为主。我们进去的时候，刚好看到她们正在把制作味增用的黄豆蒸熟碾碎。我们逗留了一会儿，继续去另一个车间参观。那里正在用肉桂叶包团子，我也亲自体验了一把。包好的团子放到蒸笼上蒸，不一会儿就出锅了。于是，

肉桂树叶。

花濑川的千席台。

大家一边品尝着团子一边喝茶，休息了一会儿。就在这时，碰巧遇到一个当地大妈开着小货车运来一车肉桂叶，似乎大家都会把自家院子或农田里的叶子送来这里。集中起来的叶子经过仔细地清洗和少许修剪后，被用来制作团子，连叶子都散发着肉桂的香气！

大家把"命纹会"的另一种特产竹叶便当按人头平分吃完后，出发前往花濑川的千席台。天然台地状的岩石河床延续了2000米，清澈的河水哗哗地奔流着，此番美景简直绝妙。站在岸边，一阵凉风袭来，心绪也变得平静。由于河水很浅，我还看到有人挽起裤腿蹚水嬉戏。我们坐在岸边，把脚伸到水里，吃着便当，也是一种不错的享受。

竹叶便当由2个大饭团、乡土料理和2个肉桂团子组成，量相当大。

烤箱版番茄干 7月31日（星期五）

地里的小番茄迎来了大丰收，一下子吃不完，于是我用烤箱做成了番茄干。先把小番茄对半切开，摆在铁板上，撒上少许盐、胡椒和白砂糖。然后，撒上蒜末和百里香，抹上橄榄油，放进150℃的烤箱中烤制40～60分钟。番茄干直接食用就很美味，也可以加到沙拉、三明治或意大利面中一起吃，是一种非常便利好用的小食。

去福冈工作 8月1日（星期六）

今天安排的工作是在福冈主持料理教室。我先开30分钟车到达坐渡轮的地方，坐船摆渡后，换乘新干线樱花号抵达博多站。樱花号内部的豪华和开阔程度甚至让我一度以为自己上

错了车。走道两侧的座椅均为二人座，坐垫和靠背松软得像沙发一样，扶手和小桌子都是木质的。对于爱坐新干线的我来说，这样的车厢环境真是一种享受。

今天的料理课上，学员积极提问，问了很多问题，我也就一直说个不停。一直以来，我头疼于无法摸透学员已经掌握了哪些方法，想要学习哪些方法，现在通过让学员主动提问，抓住他们感兴趣的重点进行讲解，总算解决了这一难题。我也不得不感叹，教学现场的气氛还是要靠学员来带动。

试吃过后，今天的课程就结束了，我按原路回家。当我到达垂水的渡轮码头时，已经夜色四合。今天真是愉快的一天。

接受采访　8月2日（星期日）

今天，记者和摄影师特地从大阪赶来鹿屋邀我做采访。两

人来时充分利用了在大隅半岛住宿一晚就能在机场免费租车的优惠活动，真是完美的计划。

　　我们主要聊了一些日常生活的话题，聊着聊着，不知不觉就过了午餐时间，这时再自己做饭就太晚了，于是我决定带两位客人去鹿屋的人气老店"竹亭"吃饭。餐馆的厨房位于整个店的正中间，四周环绕着供食客坐的吧台座位。摄影师不禁脱口而出："就跟大阪的炸串店一样！"厨师制作料理的整个过程都可以让食客看到。这家店的猪排裹的面粉很薄，也不油腻，非常好吃。

行程安排　8月3日（星期一）

　　盂兰盆节（中元节）即将到来，很多必须处理的事情摆在眼前，简直让人头大。每当这种时候，我的处理方法就是做一

把纸拼贴起来能让表格无限延伸。

张行程安排表。横栏上填写日期，竖栏分别写上早上、中午、晚上。然后，把必须牢记的待办事项一一对应地填在表上，还会在表格旁边列上购物清单。做完后，我感觉脑中清空了许多，一身轻松。

烤红薯泡芙　8月4日（星期二）

从机场返回鹿屋，途中经过垂水道站时稍作逗留，几乎已经成了我的惯例。几年前，我无意中在站前的"Mami's Cafe"驻足，从此爱上了这家有着令人印象深刻的大红色外墙和手写看板的小店。这家小店专卖新鲜果蔬汁和烤红薯。

老板娘 Mami 女士温柔地招呼着每一位客人，让人倍感亲切，我一下子就成了她的忠实粉丝。她家的新鲜果蔬汁十分好喝，烤红薯不仅香气四溢，而且口感甘甜，非常诱人，吃

完有满满的幸福感。从那之后，每次返回鹿屋的途中，我都会顺道来这家店买点烤红薯，带回东京的家中，屯在冰箱里。大红薯对半切开后裹上保鲜膜，小红薯就直接一个个地用保鲜膜包好，然后放进冰箱冷藏。要吃的时候提前一天解冻就可以直接食用，也可以切成骰子大小的方块，加到早餐的酸奶里，风味绝佳。

随着我频繁地光顾这家小店，我和老板娘也越来越亲密了，有时会讨论：什么时候能两个人一起做一点东西就好了。于是，我开始尝试用烤红薯来做糕点。最初是做纸杯蛋糕，蛋糕上的奶油就用烤红薯来代替。可是，虽然尝起来味道还不错，但也只是普通的味道。后来，先生的一句"好像做泡芙挺合适的"给了我灵感，赶紧找出以前学过的做泡芙的方法试验起来。做出来的成品请家人朋友一一试吃，当然 Mami 女士也在其中，没想到获得一致好评。于是，我们决定开始在"Mami's Cafe"出售这种烤红薯泡芙。

我们请了很多人试吃，倾听他们的反馈意见。这款产品的目标顾客到底是想大口吃东西的年轻人，还是平时连一整块蛋糕都不敢吃的姐姐们？烤红薯泡芙的健康和低热量是不是更对她们的胃口？是把泡芙皮切开后裹进馅，还是从底部挖一个洞挤进去？很多问题是我第一次考虑到，所以一直在反复摸索尝试。

田神　8月5日（星期三）

今天去见了"田神"。所谓"田神"，就是掌管农田、带来丰收的神。

日本全国各地都崇拜田神，有趣的是，虽说是田里的神，但在绝大多数地方看不到田神的实体。可是，不知为何在鹿儿岛却真的有外形类似于地藏菩萨的大石像立在田间。田神背上

背着米袋，手里拿着饭勺，每一个细节都是人工凿出，整个外形非常有个性。

在过去，每个或者每两个村落都会有一尊田神守护着。人们向田神祈求保佑作物丰收，祈求赐予子嗣。二战后，大量的田神从田间消失了。有的因为耕地减少而被转移到其他地方，有的则被古董商盗走了。我们"田崎村"以前似乎也有一尊田神守护，可惜现在已经不存在了。

我知道有几座田神作为纪念碑被保留了下来，但是我并不想看到这种纪念碑，希望有一天能偶遇自然地站在田间的田神。

终于，有一天，我正搭车前往机场。那条路已经往来无数次，突然觉得左手边有点异常，定睛一看，看到一个站着的身影。一瞬间，我的脑海里闪过一个念头：莫非是田神？于是，赶紧折返，往田头走去……找到了，果然是田神！

是田神把我拉到了他的身边。这里成了我的珍藏之所，每当有国外的客人来，或是我偶尔想见一见的时候，都会来田神身边。夏天，田神与四周的青青水田相映成趣，到了秋天，站在金黄稻穗中的身影也十分漂亮。

希望今年也能收获喷香美味的大米。

香瓜 8月6日（星期四）

香瓜是盂兰盆节不可或缺的供品。这几天，我"奉命"负责给地里的黄瓜和香瓜授粉，每天早上都要去田间看一下情况。先找到已经结果的小黄瓜（雌花），然后摘下没有结果的雄花，将花粉洒在雌花的柱头上。香瓜的授粉步骤也是一样的。如果瓜一直保持一个方向躺在地里很容易腐烂，所以要注意及时翻动。

及时授粉后，最终收获了大小适中的黄瓜和香瓜，还有彩色的番茄。今年的种瓜任务完成得不错。

从田里摘来的香瓜。

新鲜的鱼应该烤着吃　8月7日（星期五）

今天，在本地经营鱼店的朋友来我家玩。那家伙常年穿着木屐，永远光着脚，即使冬天也是一样！

朋友带来几条鱼做下酒菜。刚一进门，他就直奔厨房，把鱼放在砧板上三下五除二地做好了康吉鳗生鱼片，把剩下的一半鱼直接放进没有加油的平底锅煎。鱼肉受热后会蜷缩起来，所以煎的时候要用铲子压住鱼肉。平时在寿司店吃康吉鳗生鱼片的时候都要蘸酱油，今天直接蘸芥末和盐吃。煎过的康吉鳗鱼香气四溢，味道极佳。生鱼片洁白通透，入口即化，吃起来甜丝丝的。

朋友说，如果想品尝鱼本身的味道，那么不管是做成生鱼片也好其他也好，都不要蘸酱油吃。也就是说，比起用酱汁着味的料理，更喜欢能凸显食材本身味道的料理。太好了，我今天做的刚好都是简单加工的料理，清炒西葫、腌辣椒，还有之

将康吉鳗鱼剖开，做成生鱼片。

第一次吃到这样的美味！

前剩下的烤牛肉。

从朋友那里听到一个惊人的说法——刚钓上来的鱼很新鲜，最合适直接烤着吃，要做生鱼片的话，把鱼放一天后再做比较好。最近，受美国的影响，日本也开始流行吃熟成肉。由此看来，虽然日本人对于食材几乎一直以新鲜为首要追求，但是也有例外的时候。

这么说的话，其实裸麦面包也是这样的例子。的确，用小麦粉制作的面包烤过之后香气诱人，干面包皮脆脆的，十分好吃。但是，裸麦面包就不一样了。刚烤完的裸麦面包过于紧实，要静置一天后才会有好口感。甜点方面，既有像泡芙这样烘烤后松软可口的，也有像磅蛋糕那样的例外。我不禁回想起以前一个瑞士朋友带着自己做的巧克力蛋糕来我家做客时说过的话："不好意思，你自己烤吧，烤完放一晚上，明后天更好吃！"

雨天的准备工作　8月8日（星期六）

虽然台风偏离了预计轨道往东边移动了，我们不必担心大暴雨的袭击，但屋外的风还是呼呼地刮得吓人。昨晚开始天气变得糟糕，由于很早之前就买好了音乐会的票，所以我仍然顶着大风出门了。在台风天外出，打伞是很危险的。于是，25年前买的雨斗篷终于派上了用场。这也算是一件值得高兴的小事。

自磨咖啡　8月10日（星期一）

最近，待在鹿儿岛的时候，我都是自己磨咖啡的。我比较喜欢"马德里咖啡馆"的特调咖啡豆，磨出来的咖啡香气很特别。

虽然我早就知道自己磨的咖啡特别香，特别好喝，但一直

没有这个空闲和心情。两年前偶然接触到萨森豪斯手摇咖啡研磨机后，我的习惯改变了。萨森豪斯的咖啡研磨机体积小巧，是传统的带手柄的手摇研磨机，木质机身的两侧是略带收腰的线条设计。为什么要这样设计呢？原来是为了在磨咖啡豆时方便把研磨机夹在大腿之间。前人的智慧真是了不起！现在手头用的还是新机器，我期待着使用多年之后，木质机身因频繁地触摸变得光滑，并染上浓郁的咖啡香。

我在东京的时候就已经买足了咖啡豆，待在鹿儿岛的日子里，每天早上都会自己磨一杯咖啡。这种消磨时间的时光是年轻时代难以拥有的。

芋头茎　8月11日（星期二）

8月13日至15日是鹿屋的盂兰盆节。盂兰盆节期间使用的供品是固定的，我们可以提前准备好要用的蔬菜水果和料理。以往都是我和淑子姐一起准备的，今年还是头一次独自上阵。我翻阅了笔记和照片，做好计划，打算在自己的能力范围内尽量做到最好。

8月13日是盂兰盆节开始的日子，也是迎接祖先回家的日子。煮一锅新米做成饭团，然后做一份炖菜。第二天则是红薯酱汤和饭团，下午要准备好撒上白砂糖的糯米团子。祖先离开的当天要供上团子和挂面，诸如此类。

像这样每天准备好固定样式的供品，实在不是一件容易的事。这项传统能够一直流传至今，真令人感动！这让我觉得自己和过去的田崎人是联系在一起的，心里十分高兴。

我不禁联想到：这里的女性都是嫁来夫家后才随夫姓的，之前在娘家做女儿时是什么情况不清楚，但嫁到夫家后一边学习一边习得了这个家族的习惯。随着时间的流逝，不知从什么时候开始，这些女性成了自己家庭里最清楚情况的人，不知不

很大的芋头叶柄。

觉间成了这个家庭主心骨似的人物。多年以后，我也会变成门仓奶奶吧，想想真是有些不可思议。

盂兰盆节有一道不可或缺的料理——炖菜。通常是用萝卜来炖，夏天没有萝卜，我便用"芋头茎"来代替。从田里采来新鲜的芋头叶柄除去叶子，剥去茎的外皮（就像剥掉芹菜的筋那样），放到热水中焯一下以去除涩味，然后晾干水分，用来煮炖菜或做沙拉均可。如果做成炖菜的话，吃的时候会有汤汁渗出，十分美味。

花生大丰收 8月13日（星期四）

鹿儿岛是全日本仅次于千叶县和茨城县的第三大花生产地。花生的正常收获期是在秋天，我生活的鹿屋周边流行用花生作盂兰盆节的供品，所以会提前一段时间收割。

刚收获的嫩嫩的花生适合用盐水煮。花生如果放久了，就算再怎么用水煮也煮不软，所以做出美味的水煮花生的秘诀在于一定要用刚从地里挖出来的新鲜花生。锅中注入足量的水，撒上适量的盐，然后把新鲜的花生洗净后倒到锅中。根据花生的新鲜程度不同，煮的时间也有些许差异，但基本上20分钟即可。煮到差不多的时候，可以试吃一颗，如果花生仁已经变软，就可以关火了。然后，连汤带花生一起静置冷却。我不太擅长炒花生，不过这碗水煮花生就足以让我吃得停不下来。吃法跟毛豆一样，但口感上要柔软许多，咸味也刚刚好，总之就是说不出的美味，是喝啤酒时的最佳小吃。

入秋之后，花生逐渐上市。我家先生经常从温泉的小卖部买回来一袋袋去壳的生花生仁。在平底锅里放足够的盐，然后倒入花生仁，不时地摇晃平底锅，一边进行翻炒，整个过程都充满乐趣。只需5到10分钟，香喷喷的炒花生味就在厨房里弥漫开来。

炒花生和带壳的水煮花生。

做荻饼 8 月 14 日（星期五）

　　提到盂兰盆节，就不能不提荻饼。往年我只负责吃，今年也要挑战一下自己，学做荻饼。虽然赤豆馅很难熬，但过去家家户户都是自己动手做的，我也不能认输，说干就干。

　　赤豆提前用水浸泡一晚，煮开后倒掉汤水（为了去掉涩味，有的菜单要求焯水好几遍，但我担心赤豆的口味可能会变淡，所以只过一遍水）。接着，锅中倒入足量的水继续煮，直到赤豆变软为止。可以用手指捏捏看，如果能捏碎就可以了。这个过程大概需要将近一个小时。然后，把汤汁倒到碗中，锅中加入与赤豆等量的白砂糖，一边碾压赤豆一边加热搅拌。中途加一点食盐可以使赤豆更有黏性，看样子差不多了即可关火。豆沙冷却后会变硬，为了应对这一点，我提前做好了准备。如果豆沙过硬，可以把刚才留在碗中的汤汁倒回锅里一些，然后继续搅拌。最后，把做好的豆沙摊在方平底盘里冷却。

煮糯米的工具选电饭煲。一杯糯米对应地加一杯水，然后按下煮饭键。第一次煮出来的糯米太软了，以失败告终。糯米的吸水性很好，所以没有必要像普通大米那样浸泡后再煮。经历过失败才能学到很多东西，看来不管做什么事都要多尝试才行。

煮好的糯米用研磨杵一点点地碾开。最后捏饼的时候借助保鲜膜会方便许多。先把少许豆沙摊在保鲜膜上，然后放上一坨糯米，捏成理想的形状即可。

线香烟花　　8月16日（星期日）

到了夏天，就不能不提烟花。今天从角落里翻出了很久之前在加治木町的"Doma"画廊买的国产线香烟花。我担心它是不是已经受潮了，趁着给盂兰盆节用的灯笼点火的间隙，试

左边是东之线香烟花，右边是西之线香烟花，两种烟花点燃后的效果都很棒。

着拿蜡烛点了烟花。令人意外的是，不但能点着，迸出来的烟花还格外的细腻美丽，让人不禁有些感动。根据包装上的名称在网上搜了一下，发现它们是福冈县的筒井时正烟花制造所生产的西之线香烟花和东之线香烟花。两种烟花点起来都非常漂亮，不过，我个人还是更喜欢东之线香烟花。

煮果酱　8月17日（星期一）

今天收到了从朋友那里买的有机蓝莓。蓝莓不仅颗粒够大，而且口感很好，简直让人想直接洗洗吃。但我之前已经决定了要做果酱，于是立即开工。

看中很久的专门用来煮果酱的铜锅今天也是首次登场。铜锅的导热性能好，煮熟果酱需用的时间更短，有助于保留水果的香气。将蓝莓充分洗净，滤干水分，加入60%量的细砂糖，

加少许柠檬汁，然后放入一片月桂叶提味，上火煮开。小火煮开后，不断地搅拌，直到果子煮烂开裂。具体煮多久受果子的量和锅子种类的影响，一般情况下煮10分钟左右果子就会开裂，整锅果肉略带糊状。这时，取少许果酱倒在平底盘上，然后放进冰箱冷藏，并确认好果酱浓度。如果倾斜平底盘后果酱不会流动，那就说明大功告成了，后续只需把锅里的果酱分别装进煮沸处理过的瓶子即可。

想做出好吃的果酱，最关键的一点就是要使用当季的新鲜水果。当水果完全成熟时，所含的果胶量也达到了顶峰，做果酱最合适了。不要使用过熟的水果，因为一旦过熟，所含的果胶开始变质，会影响果酱的口感。

果酱口味的好坏全由果胶、酸度和糖分的比例决定。比如，柑橘类的果胶含量和酸度比例正好，只需加入细砂糖慢炖，就能煮出好吃的橘皮果酱。苹果的果胶含量也比较高，但不同品种的苹果酸度不同，这一点需要注意。像红玉这种酸度较大的苹果，只需加入细砂糖就能熬出果酱。如果选用酸度较小的苹果，则需要再加入柠檬汁（醋也可以）。其实，我们不用死记硬背，把当地能买到的水果多次尝试后就能掌握诀窍。

细砂糖的主要作用是激发果胶和延长果酱的保质期。参考传统的果酱制作食谱，你会发现细砂糖的用量和水果的用量相等。不过，我一般把细砂糖的用量降为水果用量的50% ～ 60%。

回东京的日子　8月18日（星期二）

每次我到达或离开鹿儿岛的家时，都要做一些例行工作。今天是离开鹿儿岛回东京的日子。夏天容易滋生霉菌，所以要把厨房和卫生间仔细打扫一遍。浴室提前一天打扫干净，擦干

为了下次回来时能看到一个整洁的家，我在离开前会仔细打扫一番。家具用布遮盖，避免日晒。

水迹，使整个空间保持干燥。出发的当天早上，起床后先洗漱，然后把洗脸台、洗手间和厨房清理干净，最后一项任务就是扔垃圾。丢弃可燃垃圾的时间是星期二和星期五，所以离开的时间当然选在这两天中的一天。另外，我还特意选择中午 12 点半左右起飞的航班，这样就可以上午九十点钟再从家里出发，有充裕的时间做最后的清洁工作。

今天也是上午 9 点出发。天气晴好，去鹿儿岛机场的路上一路顺畅。我们在机场的山形店吃了拉面，先生吃的是什锦汤面。这也是我们每次离开鹿儿岛时的惯例。

久违的东京　8 月 19 日（星期三）

时隔 23 天，又回到了东京的家。这次我们在鹿屋住了差不多 3 周，是有史以来最久的一次。回到东京后，竟然有一种不可思议的新鲜感。因为离开了很长一段时间，从今天开始我要忙着处理拍摄、采访、演讲等堆积成山的工作了。

住在鹿儿岛时，工作都在自己的家中开展，大家从不同的地方赶过来配合我的工作。很多人从很远的地方过来，所以我会尽可能地让他们在我家放松休息一会儿。家里尽量布置得放松一点，附近也没有什么餐馆，还要考虑来客的吃饭问题。在东京的话，也有不少采访是上门来做的，由于大家都很忙，行程安排很满，所以我一般只准备茶和点心。就算突然赶上吃饭时间也不要紧，周围有很多餐馆可以选择。不得不说，鹿儿岛和东京的生活节奏到底还是大不相同。

第一次去湘南　8 月 22 日（星期六）

今天，我因要在文化中心举办一场演讲活动，第一次去了湘南。从藤泽站大楼的9楼向外眺望，视野开阔，天高云淡，令人神清气爽。

我还是一如既往地紧张，不过好在大家积极活跃地提问，活动在愉快的氛围中结束。通过观众的提问，我了解到大家感兴趣的方向，但下次可能又会出现新的问题。所以，每一场交流都有特殊的意义，也许这就是日语中所说的"一期一会"吧。

演讲结束后，往常多是急着赶回家，但今天是周六，趁着时间宽裕，我决定跟老朋友见面小叙。我们大概有10年没有见面了，知道朋友已经搬去逗子市，所以试着联络了一下，没想到对方很爽快地答应了。木质的地板、鲜绿色的座椅、圆溜溜的扶手，我坐上时光机一般的"江之电"列车前往湘南。江之岛被涛声和海水味儿包围，到处是穿着泳衣兴高采烈的人，一切仿佛都在说"这才是暑假！"通往儿玉神社的参道两边各种商铺一家紧挨着一家，光是看到这样的景象就让人开心。

我被最中（一种日本的传统点心）的外形吸引，于是走进

一家甜品店（位于纪国屋书店内）。最中有三种贝壳类的形状，分别是蝾螺、扇贝和文蛤，馅子的口味则有香草、小仓、抹茶三种可选，真是太可爱了。最后，我选了文蛤外形的最中，并请店员帮忙填好馅子。

在风月堂吃茶点　　8 月 26 日（星期三）

这几天电脑出了点问题，所以我预约了苹果商店的天才吧。幸好我这几天没有工作，有充裕的时间来修电脑。在天才吧，我听到隔壁桌有一个男顾客说，这周末还有 DJ（电台或舞厅的音乐主持人）的兼职，无论如何要在周五前把电脑里的资料都恢复。要是遇到这种情况就比较棘手了。

既然来了银座，就在回家前顺便喝个下午茶。在咖啡馆遍地的银座，我最近比较喜欢的是一家叫风月堂的店，位于银座

六丁目的并木道。店里一派复古装饰，不仅出售咖啡，还供应茶点套餐，这一点比较吸引我。今天点的是当季新鲜的豆沙和绿茶。

新甘泉梨　9月1日（星期二）

今天收到了从鸟取县寄来的新甘泉梨。吃起来不仅口感爽脆，而且汁水充足。虽然我也喜欢香气诱人的洋梨，但只是偶尔吃一个。日本梨的话，我可以吃很多个，是我非常喜欢的一种水果。

先生回忆说，他小的时候，鹿儿岛的老家旁边有一棵梨树，为了方便采摘，家人还特地把树枝横着牵引过来。可是，现在似乎并没有看到过鹿儿岛出产的梨，大概是随着时间的流逝而消失了吧。

日本梨一般直接吃，不过也可以用来做料理。我特别喜欢把梨加到沙拉里吃。小块的日本梨、略带苦味的菊苣、口感醇厚的蓝奶酪，再加上喷香的核桃之类的坚果，混合成沙拉后十分好吃。它跟白葡萄酒也是不错的搭配。

五指隔热手套　9月3日（星期四）

几年前，我和住在同一幢楼的瑞士夫妇成了朋友。他们每年回一次老家，每次回到东京的时候都会给我们带一些土产礼物。在收到的所有礼物中，我最喜欢的就要数这副白色的五指隔热手套。它和烤箱用的连指手套的用途一样，但是需要拿一些小东西时，这副五指手套用起来显然更加得心应手。比如，托起布丁杯，掀开热锅盖，把刚煮好的果酱倒进瓶子旋上瓶盖等，都是它大展身手的时候。

五指手套的材质是纯棉的，要想长时间握住热铁盘，手套的厚度是不够的。因此，根据实际情况，有时我会使用硅胶烤箱手套。例如，需要移动铁盘的时候，我会选择虽然手指不能灵活运动但隔热效果好的硅胶手套，需要更多手指动作的时候再换用五指手套。

这副手套的使用体验实在是太好了，我希望能推荐给更多的朋友，所以有时候会从瑞士购入一批货，再放到网店上售卖。

间接照明　9月4日（星期五）

今天，围绕《生活手帖》中提到的照明这个主题接受了采访，主要讨论怎样把各种灯光巧妙地引入生活，并享受其中的乐趣。

在我从小到大的生活环境中，间接照明一直是自然而然

存在的。德国的冬天日照时间特别短，夜色来得很早。一到傍晚，家里的大人就会说"多仁亚，麻烦开一下灯"，打开家里的灯成了我的工作。傍晚下班后回到的家，应该是一个让自己放松的空间。在柔和明亮的灯光中愉快地吃饭聊天，慢慢培养睡意。

需注意的关键一点是：要在看书、学习和工作的场所安装明亮的灯具，但并不需要把整个房间照得灯火通明，只要保证有一盏能照亮手头书本的阅读灯就好。

给衣柜添新装 9月5日（星期六）

听说一个造型师朋友正在低价转让用不上的服装，我赶紧拉上朋友一起登门拜访。一开门，只见客厅里已经摆出很多漂亮的衣服、鞋子和包包等物品。上门的客人共有 6 人（包括我

在内），不必说，6 位都是女性。

"这件挺适合你"之类的话不时在耳边响起，我们转来转去地试了一件又一件。大概是因为尺寸比较合适，所以大家大包小包地买了不少件衣服。我也收获不小，买了一条衣柜里没有的宽松版牛仔裤、一件彩色的背心和一件黑色无袖衬衫。我不禁想到，这种方式的购物让挑衣服的乐趣又增加了不少。

生命的起跑线　9月6日（星期日）

今天我拜读了朋友大久保淳一先生写的书，书中主要记叙了他和病魔抗争的经历。大久保先生目前正在经营一家为癌症患者提供帮助的网站"5 年（5 years）"。

大久保先生患病后，希望可以找到一些战胜疾病的康复者回归社会的相关消息，却完全找不到。由此，他决定建立一个

网站，专门分享患者的治疗经历和各种医学知识。他说，康复者战胜病魔的故事对于患者和他们的家人来说意味着一种希望。自己的经验或许能为其他病友提供帮助，能够和大家分享自己的经历是一件很棒的事情。我被大久保先生的事迹和善良深深地打动了。

香蕉面包　9月7日（星期一）

朋友说，今年1至3月份，他们全家每周都会守在电视机前收看《丘比3分钟厨房》。我马上要去朋友家拜访，听说他们家的孩子都叫我"丘比大姐姐"，被小朋友们叫大姐姐，心里还是很开心的。作为伴手礼，我特意准备了一些节目上做过的香蕉面包，并且做成纸杯蛋糕的形状，便于小朋友们食用。

雨天读书会 9月8日（星期二）

今天参加了一年举办四次的读书会，地点位于"TENOHA"代官山的一家叫作"& STYLE"的餐厅。雨一直下个不停，我到达会场时迟到了。虽然整个餐厅的室内环境是小酒馆风，但是花砖装饰带来的现代感让我想起了纽约，这是一家气氛很棒的餐厅。读书会不拘泥于分享读书心得，凡是感兴趣的话题都可以聊，其实是一个交流信息的平台，活动已经持续五年多。大家年纪各不相同，职业也不同，四个人的最大共同爱好就是品尝美食。

饭毕，回家的途中顺路去某家具制造商的展览空间"MOCTAVE"逛了一下，四人组的成员之一泰子上次就说想介绍我来这里看看。手工制造的家具手感舒服，光滑舒适。明子小姐送给我的一句话让人印象深刻："其实，看似讨厌的阴雨天，也可以想办法愉快地度过。"

锅的选择　9月9日（星期三）

因为工作关系打交道的编辑今天问起该怎样挑选锅，说是店里的锅种类太多了，不知道该选哪一种好。的确，锅的品种多种多样，要选出合适的锅还真不是一件容易的事。

我自己最常使用的是一口德国产的厚底不锈钢锅。自重轻、结实耐用、清洁简单是我选择这口锅的理由。虽然价格略高，但是这口已经用了20年的锅在外形和使用感受上几乎和刚买时没有区别。

厚底不锈钢锅用途广泛。水煮和煲汤自不必说，做炖菜时，还可以用来煎肉类食材。

煎肉的诀窍是要让锅热透，煎的时候不要搅动。待锅热透后，加入少许油，火力调到中火，然后把肉放到锅中，注意肉的量不要超过锅底的面积（因为肉太多会导致锅内温度不够，与其说是煎还不如说是蒸了）。一开始，肉会贴住锅底，等到

我最爱用的菲仕乐双柄锅。

肉的表面烤熟后，自然就从锅底剥离，所以不用担心。等肉自然剥离后，翻到另一面继续煎。

煎肉可以让肉的表面上色并带点焦香，增加整道炖菜的口感层次和浓郁风味。

熨衣服时用喷雾　　9月10日（星期四）

我以前买过一个以功率强劲为卖点的熨斗，结果买回来后发现体积太大，放不进烫衣板的收纳格，只能立在板子上，总感觉不踏实。于是，第二次买熨斗的时候进行了慎重挑选。我理想中的熨斗是这样的：能完美地熨平衣服上的褶皱；体型紧凑小巧，可以收进烫衣板的收纳格；要有一定重量，便于熨平褶皱，但也不能太重。目前，我对正在使用的 DBK 公司制造的熨斗还是比较满意的。

刚好可以放进收纳格。

这个熨斗操作十分简单，只需打开电源，转动转盘即可使用。而且，体积小巧，完全可以放进烫衣板的收纳格。顶部的三角形部分灵活好用，衬衫的衣领、纽扣周围的部分都能轻松地熨烫。此外，熨斗有点重量，所以不需要十分用力就能顺畅地烫平衣褶。

熨斗自带蒸汽功能，但直接使用自来水的话，有时会冒出褐色的水汽。换用蒸馏水倒是可以避免这个问题，但也需要在每次使用后清洁水箱，熨烫时要在板上放一块湿垫布。不过，我不是这样做的。我一般不使用蒸汽模式，而是用喷雾把衣物喷湿后再熨烫。这种操作方法对于我来说是最轻松方便的一种了。

偶然的相遇　9月11日（星期五）

今天，我跟久违的好友幌子一起吃午餐。她跟我说了不少在湘南新开设料理教室的事情。她的主业是料理老师，同时也在做神学研究，常常和我分享一些关于食物、身体和精神的有趣话题。

吃完午餐喝茶的时候，幌子遇到一个熟人，我们就主动跟他打招呼。听说他是鹿儿岛人，我说"我在鹿屋也有房子"，没想到他的老家也在鹿屋！而且，他的哥哥在老家经营一家叫"马德里咖啡"的咖啡馆。听到这里，我真是大吃一惊！因为，我回鹿屋的时候都是在这家店买咖啡豆的，真是有缘！在偌大的东京，竟然能遇到马德里咖啡馆老板的弟弟，这概率得多小啊。

晚上，我应澳大利亚大使馆的友人邀请，参加在大使馆花园里举办的面向内部人员和家属的夏日祭。浓郁开阔的绿色草坪上点缀着点点彩灯，大使馆人员多以一身浴衣的打扮参加活动。期间，我还欣赏了日本的传统舞蹈桶舞表演和英国大使馆的工作人员带来的太鼓表演。

番茄意面 9月12日（星期六）

今天在横滨的住宅展示会场接受了采访。采访结束后的签名会上，有一个小学低年级的男孩子和妈妈也在排队的人群中。听说，小男孩是在看了《丘比3分钟厨房》后变成了我的粉丝。男孩的名字叫隆之介。这么一说，我想起以前还收到过他写的信。隆之介有可能是我的粉丝里面年纪最小的一位，能得到他的支持，我真的很高兴。

回家的路上正好路过爸妈家，于是决定拐进去看看。站前超市里的秋刀鱼看起来很好吃的样子，于是我买了一些带过去。秋刀鱼用来做什么好呢？就和茄子、蘑菇一起做一道番茄意面吧。

要做这道意面，首先要制作番茄酱。先把番茄罐头倒到锅中，加入蒜末、橄榄油、盐和自己喜欢的香料，然后盖上盖子慢慢煮。趁这个间隙，把秋刀鱼煎熟，然后剖开去骨。茄子和

蘑菇加蒜末用橄榄油爆炒，撒少许盐和胡椒粉。然后，把所有食材都倒到番茄酱中。

另外，用家中冰箱里的西蓝花和蓝奶酪做了蘸酱、蔬菜沙拉。一顿美味的晚餐准备完毕。

番茄酱

可以直接作为意面的浇汁，或者炒一些培根、鱼类、茄子和西葫等加进去也很美味。一次煮2～3罐番茄罐头，然后分成小份放进冰箱冷藏，可以分次食用，十分方便。

●材料（4～6人份）

番茄罐头（整番茄或切块番茄都可以）1罐（400g）、大蒜1头、橄榄油3～4大匙、盐和胡椒适量、其他香料或辣椒（根据个人喜好而定）

●制作方法

1.把番茄罐头倒到锅中，如果用的是整番茄罐头需要同时把番茄捣碎。大蒜剥去皮，去掉芯子，用刀背拍碎。

2. 锅中加入橄榄油、盐、胡椒、自己喜欢的香料或辣椒，盖上锅盖加热。煮沸后调成小火，"咕嘟咕嘟"煮40分钟左右。注意掀开锅盖时番茄酱可能会溅出来，并且要不时查看以免煮煳。

彼岸花 9月13日（星期日）

今天天气不错，我决定出门散散步。散步的路线还是和以前一样，从芝公园出发，穿过增上寺，一直走到日比谷公园。增上寺所在的芝公园可以说是全日本最古老的一座公园，港区政府门口的公园既有木门扇，又有石板地和松树，隐约可以看到过去的面貌，是我很喜欢的一个地方。我走着走着竟然发现了彼岸花，看来已经是秋天了。

坛醋　9月14日（星期一）

　　我同大学时代的好友佐和子约好在羽田机场汇合，然后一起前往鹿儿岛。我们从鹿儿岛机场回鹿屋，途中在以坛醋闻名的福山稍作停留，并在山脚下的"坛田"餐馆吃了午餐。从餐馆望去，只见"坛田"餐馆外背靠着锦江湾密密麻麻地排列着醋坛。菜单上的菜品都是用黑醋做的正宗中华料理。今天天气很热，所以我点了中华冷面。

　　坛醋是将蒸熟的大米、米曲、纯净水装进坛子，依靠自然的力量和太阳光，经过长时间的发酵酿成的醋。首先，靠坛子里附着的微生物和米曲的作用使大米自然糖化、发酵成酒，然后静置一段时间，等待酒醋化发酵。发酵醋要继续熟化1～3年才能酿成黑醋——一种大自然的馈赠，一种可以放心使用的调料。

我家使用的就是"坛田"餐馆的黑醋。

烤鲈鱼　9月15日（星期二）

今天去了饲有稀有动物"青鸟"（蓝鸫）的大马士革风格的公园。这座获得了有机认证的公园里，种植了大量的大丽花、向日葵、香草等植物。眼下正是向日葵盛开的时节。青鸟在薰衣草田间穿梭飞行，吸食着花蜜。没想到青鸟的背上真的长着蓝色的线条。

晚上，大家一起在院子里吃烧烤。从鱼市买来已经杀好的大条鲈鱼做烤鱼。刮掉鱼鳞，除去内脏，把鱼清洗干净甩干水，肚子里塞入本地产的香草（茴香和百里香）。然后，在鱼身上撒适量的盐，架在大小合适的铁丝网上烤。吃的时候在上面挤一点代代酸橙汁，香气四溢分外好吃！

把抽屉改造成药箱 9 月 16 日（星期三）

　　好友佐和子回东京了，暂时没有新的客人来，我决定趁着有空把已经惦记很久的药箱抽屉整理一下。一直以来，家里的药全都保存在这个抽屉里。虽然将药品汇总在一处方便使用，但是没有具体的空间分隔就显得乱糟糟的，拉开抽屉后有点无从下手的感觉。我之前已经从无印良品买来 PP 收纳盒，准备有空的时候做一下分类整理。

　　分类的方法多种多样。东京家中的药箱按口服药和外用药分成两类，分别收纳在两层抽屉里。鹿儿岛家中则是一个大抽屉，我试着把药品做更细的分类。按照创伤药和创可贴、眼药、肩颈药膏、感冒药、胃药等把药分门别类地放入收纳盒，然后试一下取放是否方便，再做一些微调。

扫墓　9月18日（星期五）

在鹿儿岛，我每周五都要去扫墓。住在东京的时候，全部事情都拜托淑子姐一个人完成，所以只要是回到鹿儿岛，我都会帮着她一起做。淑子姐负责订鲜花，我主要负责擦拭墓碑和清扫地面。看到墓碑擦得一尘不染，还有鲜艳的花朵点缀其间，我们也舒了一口气。

烤红薯泡芙　9月19日（星期六）

随着白银周的到来，我也终于迎来了在 Mami 女士店里开售烤红薯泡芙的日子。早上 7 点，淑子姐就来给我帮忙，一起开始做泡芙。首先，制作泡芙皮。黄油放到锅中，加热融化，加入混有盐和白砂糖的低筋粉搅拌，蒸发水分。加热到差不多

的时候，加入鸡蛋继续搅拌，搅到软硬适度后用裱花袋一个个地挤在烤盘上，然后抹上蛋液，放进烤箱。这样做4轮，成品大约有120个。

趁着烤泡芙皮的时候，把泡芙馅准备好。正式售卖的是带有朗姆酒味的成人口味。在已烤完冷却的泡芙皮底部挖一个小洞，将其放在设置为0克的电子秤上。然后，用裱花袋把红薯馅挤进泡芙皮中再称重，尽量做到每一个泡芙的馅子含量相同。最后，把泡芙分装到纸盒内，放入装有保冷剂的搬运大纸箱。上午10点不到，Mami女士上门来把装箱完毕的泡芙运到她的店里。

迎接客人的准备活动　9月20日（星期日）

为了迎接秋分，今天做年糕，并借助机器做出了圆形的年糕。午餐吃的是做年糕的人才能享有的特权——拌红豆年糕。

好友夫妇明天就要来我家玩，所以我今天提前把床单洗干净，把客房整理一番，洗手间也打扫得干干净净。最后，从院子里摘几朵鲜花点缀房间，准备工作就算完成了。用花草点缀房间不仅使人赏心悦目，而且花草自带的香气能让房间里空气清新。

花生豆腐　9月21日（星期一）

韩国友人罗君和太太理沙已经抵达鹿屋，今天就先在家里休息一下吧。我琢磨着应该用什么特产来招待客人，脑子里蹦出来的第一样东西就是人气颇高的小松食堂的"花生豆腐"。这是一种将鹿屋特产的花生细心碾碎，不断搅拌制作而成的类似葛粉糕的精致小吃。花生豆腐口感顺滑，搭配附送的红糖汁一起吃真是美妙无比。因为人气太高，常常过了中午就卖完了，我试着打电话过去一问，被告知还剩最后一份，真是太幸运啦！

在边塚海岸野餐 9月22日（星期二）

早上赶制完泡芙后，我又做了简单的便当，带着罗君夫妇一起开车去边塚海岸兜风。暑热有所收敛，天气舒适宜人，让人忍不住连连做起深呼吸来。天气晴好，海面也风平浪静，周围寂静无人，于是我们三人悠闲自在地在海边野餐。

在大家的支持下，烤红薯泡芙连日售罄，感恩！

幸福猪 9月23日（星期三）

多亏了有"福留小牧场"，我们在鹿儿岛的饮食生活才能

过得丰富多彩。从德国拜师学手艺回来的福留老板的店里，香肠自然不用说了，连欧洲的各种奶酪都有充足备货，简直让我感动得不行。另外，小牧场自家饲养的幸福猪也特别好吃。今天打算做家里的传统保留菜肴烤猪肉（迷迭香风味）。20多年前的暑假，我和朋友一起去意大利的托斯卡纳旅行时在料理教室学会了这道菜，一道简单质朴、散发着意大利亚妈妈味的菜。猪肉中加入大蒜、迷迭香、盐和橄榄油揉捏腌制，然后烤熟。

烤猪肉（迷迭香风味）Arista alla Fiorentina

● 材料（8人份）

800g ～ 1kg 猪里脊肉 1 整块、大蒜 2 头、迷迭香 3 ～ 5 棵、盐 1 大匙、橄榄油 4 ～ 5 大匙、土豆*6 个、柠檬 1 个

---

　* 在托斯卡纳学到的菜谱中只有土豆这一种配菜，不过我在做这道菜的时候会把胡萝卜、洋葱、藕片、大葱、南瓜等蔬菜也一起加进去。如果量太大，就另外装一盘烤。这类蔬菜像猪肉一样抹上迷迭香和大蒜后烤起来也很好吃。

●制作方法

1. 迷迭香摘下叶子，大蒜去皮对半切开，除去芯子。把蒜瓣、盐和迷迭香混合后放在砧板上，切成碎末，然后加入橄榄油搅拌均匀。

2. 猪肉从冰箱取出放置至常温，用厨房用纸擦干净。如果表面脂肪过多，可以用刀把肥肉表面切成小格状，割去肥肉。用手指从猪肉两侧往正中间插入，挖出两个小洞。将步骤1完成的混合物的一半塞入小洞，其余的涂抹在整块猪肉表面，再把猪肉放入烤盘。

3. 土豆去皮，每个切成4等份，稍微撒点盐，用橄榄油涂抹后摆在步骤2中的猪肉周围。

4. 烤箱190℃预热完成后，把猪肉放进烤箱烤50分钟。中途记得把肉翻面，并随时注意土豆是否烤焦（猪里脊肉的烤制时间为每500g需要25～30分钟）。

5. 猪肉的中心温度以65℃～68℃为宜，为了避免烤熟的

猪肉凉掉，可以用铝箔纸盖住静置至少10分钟。

6.烤完的猪肉切片装盘，然后加入土豆。柠檬切成6片分别放在盘中，可以按各自喜好选择用或不用。

过冬蔬菜的保存方法　9月24日（星期四）

今天搭乘中午的航班飞到东京，准备一个下午4点的采访。这次采访的主要话题是德国人过冬蔬菜的保存方法和食用方法。既然是聊德国人，最重要的当然是他们的主食土豆。就像日本人一次买一大袋米一样，我的德国外祖父会在秋天的时候买进大袋的喜欢吃的土豆，保存在大楼的地下仓库里。地下室阴凉微潮的环境十分适合土豆的保存。因为家里有暖气，所以一般只用一个小篮子装着三四天食用量的土豆，吃完了再从地下室拿。

另一样德国人过冬时必不可少的食物是酸菜。虽然现在腌酸菜的人越来越少了，但是在过去，一到秋天，每家每户都会腌上足量的酸菜以备过冬。酸菜富含对人体有益的乳酸菌、维生素 A、维生素 B、维生素 C 和矿物质，据说过去的人每天都会进食一点酸菜来保证有健康的身体对抗严冬。

供月江米团　9 月 25 日（星期五）

好像这周末就是中秋节了，我离开鹿儿岛的时候还特地摘了几支芒草带过来。今年自己也试着做了江米团。为了方便起见，这次用的是糯米粉。往糯米粉中分次加入少量的水，和成跟耳垂差不多的软硬度后搓成团，投入沸腾的滚水。

住在鹿儿岛的时候，我从淑子姐那里学到了做团子的诀窍。

糯米团刚做好的时候十分柔软，但是到了第二天就会硬得咬不动。针对这个问题，我会在做团子时，往糯米粉里加少量的白砂糖。

做好的供月江米团被用来做中秋节的装饰，重重叠叠地摆在供台上。用作供台的玻璃托盘是我从法国的古董市场淘来的。虽是西洋样式，但托盘有一定的高度，用作供台十分合适。

百货商场的早晨 9月26日（星期六）

最近，我在新宿伊势丹百货 5 楼的厨房用品柜台新开了一个工作室。今天，要用德国的厨具做一个推介展示。此时，商场未开始营业。我在一旁化妆，无意中听到了销售人员在开早会。是啊，到了营业时间，有客人进店后销售人员就没法开会了，所以在早会上把要说的事情都交代好。距离开始营业还有30分钟，店内的灯光开到低档，营业倒计时15分钟时，灯光进一步调亮，这是提醒大家做好开门迎客准备的信号。即将开门的时候，听到店员大喊一声"马上要开门喽"，不由得紧张地想挺直脊背。终于，到了开门营业的时间，令我大感意外的是竟然有不少外国客人。

展示会开始前，为了跟工作人员对一下流程，我绕到后面的库房。离开柜台前，转身朝店里一鞠躬是我经常看到的场景，今天自己也实践了一下。从相反的角度看这个世界的时候，难免会生出各种感想。

商场的库房与柜台的华丽景象截然相反，堆满了库存商品和各种纸箱。差别如此之大的柜台和库房是如何管理的呢？想必商场自有一套完备的管理体系。

周游美术馆　9月28日（星期一）

　　德国朋友小斯（全名叫斯坦因）来东京了。上周，她已经先去大阪和香川县直岛的"贝尼斯艺术之地"（Benesse Art Site）逛了一圈。在国外，直岛是一个人气颇高的观光景点。对美术颇为了解的小斯告诉我那里有很多高水准的美术作品，特别是在邻岛丰岛美术馆看到的内藤礼的作品，让她深受感动。听到这，我也想去看一看了。

　　今天，我和小斯一起前往朋友所在的横滨美术馆。作为一家难得在周一营业的美术馆，这里成了游客的首选之地。目前，正在横滨美术馆举办的是中国当代艺术家蔡国强的个人展览。蔡先生活跃于纽约艺术圈，并曾是北京奥运会开幕式、闭幕式的视觉特效总设计师。他年轻时曾在日本留学，此次展览的主题就是回到创作活动的原点——日本。使用火药创作的绘画、给人强烈冲击的狼藉等，各种形式的作品都在此次展览中得到了介绍。

咖啡社交圈　

　　我今天主持了日德协会主办的料理会。在东京经营咖啡馆的德国人苏珊娜和我一起在会上做料理。这次活动的主题是"Kaffee Kränzchen"，直译过来就是"咖啡社交圈"，指的是女士们围聚在一起，一边喝咖啡一边闲聊的活动。在没有咖啡馆的年代，女士们把好友请到家中喝茶聊天，自己打造一个小型社交场所。与之相对的，男士们也有属于他们的"Stammtisch"，他们习惯于在附近的啤酒馆小聚聊天。我们至今仍能看到有些啤酒馆或酒吧会摆出"熟客席"的牌子。

　　苏珊娜介绍的是我从没听说过的土豆蛋糕，而作为料理担当的我给大家介绍的是搭配德式面包的肉酱和配菜。另外，我还做了腌渍小菜方便大家带回家食用。

新的手账　9月30日（星期三）

　　每年到了9月底，我就会买一本新的手账。以前我喜欢小开本的，最好是一个对开显示一个月份的那种，但是某一天我的想法突然转变了。小开本记事本里留给每一天的格子空间太小了，想记录的事情还没写完就满了。于是，我去伊东屋试着找到一本既好写又好带的手账。现在正在使用的A5大小的基本款甘特图手账（Artprint Japan）就是那个时候发现的，已经被我用到第三年。

　　这个手账的优点不仅在于大小合适，更重要的是它提供了从10月开始长达15个月的记录空间。我以前并没有意识到长跨度的重要性，但是自从接了NHK文化频道的演讲工作后，需要提前很多天预定行程，特别需要一本能提前半年记下行程的手账。每年1月到9月，我就会在网店下单购入自10月始的新手账，当年10月到12月的行程安排全部记在新手账上。

在手账的边缘固定一个小架子后可以收纳小支的铅笔。

October
November
December

10 11 12
月 月 月

柔软的皮鞋 10月1日（星期四）

今天难得穿皮鞋出门，这之前有很长一段时间没穿过皮鞋了。我的脚尺码偏大，在日本很难买到合适的鞋，所以我一般是去国外的时候顺便买鞋。几年前，在德国的一家鞋店里发现了一双柔软得惊人的鞋子。那种柔韧的手感就像天天用手抚摸的软皮手袋一样。

这双鞋来自意大利品牌"Thierry Rabotin"，设计师是法国人。该品牌的鞋采用传统的手套式制鞋工艺，由鞋匠全手工制作而成。店里有各种时尚的款式出售，但我看中的是一双式样简单的鞋子，脚背上有两条交叉的带子。其实，这两条带子不单是出于外形设计的考虑，在实际穿着过程中也发挥着重要作用。我穿这种浅口鞋时脚很容易滑脱，多亏了这两根带子，脚才不会滑脱。带子既不勒肉也不松弛，一切都刚刚好。我觉得这种设计非常棒，当场就买下黑色和蓝色各一双。两双鞋都是我在特殊日子才会穿的"心头好"。

工厂盛典　　10月3日（星期六）

　　在新潟县的燕三条（燕市和三条市）地区，每年都会举办"工厂盛典"活动。活动期间，许多工厂敞开大门，欢迎市民入内参观体验。我参加的是同时期举办的"田间早茶"活动。在两周后即将迎来丰收的洋梨树下铺一张垫子，然后躺在树下，感受大地的气息，沐浴穿过树荫的阳光，使全身得到放松。这真是舒心的一刻。

冈村葡萄园　　10月4日（星期日）

　　我们开车从燕三条地区出发，不一会儿就到了冈村葡萄园。这是一户罕见的以研究葡萄栽培技术为主的农家。园中种植的葡萄品种相当丰富，今天获赠的绿色"阳光玫瑰"和紫色"先

锋"都是无籽葡萄，香甜多汁，十分好吃。

一顿晚餐 10月5日（星期一）

今天从羽田机场坐飞机回鹿儿岛。傍晚时分，抵达鹿屋的家中，我发现住在隔壁的淑子姐已经帮我准备好晚餐的食材。奶香焗土豆只需放进烤箱烤，沙拉也只需拌一下沙拉酱，一顿晚餐就搞定了，好棒！

木通果 10月6日（星期二）

我在东京的超市里看到过紫色的木通果，不过鹿儿岛的木通果是棕色的。成熟的木通果会纵向裂开，露出里面的果肉。小粒

的黑色种子被白色的果肉包裹着，连肉带籽放入口中，吃掉甘甜好吃的白色部分，然后把留在口中的籽"噗噗噗"地吐出来。在很少能吃到甜食的年代，孩子们争相从树上揪木通果吃。

我喜欢木通的藤蔓和叶子。每一个小枝杈上都有规律地平摊着 5 个椭圆形的小叶片，形状优美。浓郁的绿色也十分漂亮，用它来点缀房间真是赏心悦目。

集灰袋　10 月 8 日（星期四）

因为工作的缘故，今天出发去鹿儿岛市区。先开车一小时到达渡轮码头，然后坐樱岛渡轮 15 分钟左右到达市区。

距离约定的开工时间还有一会儿，我决定四处走走打发时间。这几乎算是我第一次来市区，满眼所见都是新鲜景色。在甲突川的游步道上漫步时，发现路边堆着集灰袋。因为会受樱

岛火山灰飘落的影响，政府专门派发了这种用来收集火山灰的垃圾袋。装满后的集灰袋集中摆放在指定地点，会有政府的车子过来回收。

做沙拉的秘诀　10月9日（星期五）

虽然超市里有各种各样的沙拉酱出售，但其实自己调制也很简单，小时候妈妈教我的方法一直沿用至今。

沙拉的基本配比是3∶1，3份油对应1份醋。然后，加入盐、胡椒和少量的白砂糖。最后，我们还可以加入自己喜欢的香料。我个人比较喜欢加一些小葱碎。

自制沙拉酱的好处在于有无限种搭配的可能。油的部分可以用橄榄油，也可以用菜籽油、芝麻油（全部使用芝麻油的话香气太过浓郁，只需掺入少量即可）、葡萄籽油、茶花油，甚至生奶油都可以。醋可以用酒醋、谷物醋、黑醋、梅子醋（少量即可）或用柠檬汁、柚子汁等代替。盐是用来提味的，也可以用酱油、味增、鱼酱、柚子胡椒（日本九州地区特有的调味料）或梅干之类的代替。增加甜味的除了白砂糖，还可以用蜂蜜、果酱、枫糖浆、红糖汁、芳香醋（芳香醋的甜度大过酸度）等。即使是同样的做法，换用不同的配料也会产生不同的风味。如果用的是芝麻油，那就是中华料理风，如果加入柚子果酱那就是柚子风味的沙拉酱，如果用的是生奶油、柠檬汁和小葱碎，则能拌出奶油般的沙拉酱。

我们做沙拉时要准备一只能装下全部食材的大碗。先把醋、盐、胡椒和白砂糖倒到碗中，用叉子或打蛋器充分搅匀，尝一下味道。加入油后，油会在舌头表面形成一层膜，影响我们对咸味的感知，所以要在这一步尝一尝，调整好口味（混入油后整体口味会变淡，所以应调得偏咸一点）。我们在加入油后要充分搅拌，让油乳化。胡椒的作用是增添辣味和香气，可以按个人喜好选择加或不加。辛辣的芥末也是不错的选择。

沙拉酱做好后，把做沙拉的食材（生菜、焯过水的西蓝花、番茄、煎过的香菇等）倒入大碗。如果不是马上吃掉，就把生菜这种容易瘪软的食材放在最上层，等到要吃的时候再拌匀。充分吸收沙拉酱的番茄更好吃，所以我们要事先拌好。

选用当季的新鲜时蔬，再结合生吃、水煮、煎炒等不同的加工方法，就能做出一大份美味的沙拉。

沙拉酱

● 材料

黑醋 1 大匙、盐和胡椒适量、蜂蜜少许、橄榄油 3 大匙、小葱 3 ～ 4 根

● 制作方法

1. 将黑醋、盐、胡椒和蜂蜜加入大碗，用打蛋器之类的工具充分混合均匀。待盐和蜂蜜完全溶解后尝一下味道，以偏咸

为宜。完成调味后加入橄榄油充分搅拌。最后，加入小葱碎使之充分吸收酱汁。

在大碗中放入沙拉酱的原料并充分搅拌均匀。

生菜用冷水浸泡后装进沙拉盆中滤干水分。

胡萝卜和西蓝花焯水，香菇用黄油和酱油煎熟。

紫花鼠尾草 10月10日（星期六）

这个时节，田里开满了我喜欢的紫花鼠尾草。植株的高度一般在80厘米到1米左右，茎干的下半部分长着竹叶一般细长的鼠尾草。茎干的顶端则会开出密密的小花。

花的颜色是鲜艳的紫色，用手一摸可以感受到天鹅绒一般光滑的触感。我经常剪 10 枝左右的紫花鼠尾草插在花瓶里慢慢欣赏。鼠尾草花香气宜人，整个房间都飘荡着淡淡的香气。

辣椒酱　10 月 11 日（星期日）

我第一次知道辣椒酱这个东西，是在凯瑟琳家里做客的时候。凯瑟琳是美国密西西比州人，我们在蓝带厨师课上相识并成了好朋友。听她说，辣椒酱是美国南部地区多年来颇受欢迎的一种调味品。

辣椒酱味虽辛辣但又带着甜味和一点酸味，咸饼干上放一片硬奶酪，再抹一点辣椒酱，吃起来相当美味。

我特意从朋友的有机农场多买了一些辣椒和青椒，尝试着做了一回辣椒酱。制作方法是：先把青椒和辣椒放进食物料理机打碎（辣椒籽非常辣，可按个人喜好保留或剔除）；然后，把辣椒碎和黑醋、细砂糖、果胶一起放到锅中加热煮沸，直到汁水稠糊即可。

我基本上把它当作泰式甜辣酱使用。它可以做只加了盐和胡椒的油炸食品的蘸料，或者代替白砂糖，放入调味汁，搭配绿色沙拉使用。

田间劳作　10月12日（星期一）

我把土地翻过一遍整平后，种下了草莓。想必明年不会结果实，还是期待后年吧。不知能做成几瓶果酱呢？

剩下的空间用来种什么呢？当然是选择比较容易培育又不需要太多照料的作物。而且，我们还不太习惯干农活，又常常不在鹿儿岛。不过，好像也不用过分操心。先生在地头拔草

的时候，隔壁的邻居会一边观望一边打招呼："整得很干净了！""打算种什么呢？"大家自然地就搭上话了。这让我们备受鼓舞，觉得就算遇到什么不懂的问题，大家也会给我们建议，真是太幸运了，感恩！

花木店老板前原先生前天喜得贵子，迎来了家里的大儿子。听说给孩子取了一个复古的名字"太郎"。我告诉他，像太郎（taro）、次郎（jiro）这样以"o"结尾的名字即使放在西方国家，也能被认出是男孩子的名字，挺不错。前原先生听后高兴地说："这个建议太有用了。"

招牌　10月14日（星期三）

我听说鹿屋市吾平町最近新开了一家叫"木工房comimi"的积木店，今天特意过去逛了一下。一对年轻夫妇以打造能让

孩子安心使用的积木为目标，创建了这家木工房。经过精心打磨并用天然蜂蜡打蜡后的成品陈列在货架上。我一眼看中了上面写着字母的积木，于是买来用作前阵子刚完工的工作厨房的招牌。

我把积木块排列在木框上，然后用木工黏合剂固定住，摆放在厨房入口的右侧。看起来真不错！

BBQ（烧烤大会） 10月15日（星期四）

今天晚上家里来了客人，大家一起在院子里烧烤。

学生时代，有一个朋友很喜欢开派对。她本人是这样，她的爸妈也是如此。每次聚会的时候，朋友爸爸的任务就是负责烤肉。他使用的是大直径的带盖圆形炉。让人觉得与其说是炭炉，不如说是室外的烤箱（在欧洲，烧烤的时候常常会烤大块

的肉）。当时我在东京住的是公寓，没法在室外烤肉，不过我决定以后要是住独栋房子就买一个相同的烤炉。

15年后，我在鹿屋拥有了自己的独栋房子，趁此机会终于入手了心心念念的烤肉工具。一开始，光是怎么把炭烧起来这个问题就难住了我，不过很快掌握了诀窍之后，就用得很顺手了。我们一方面向朋友爸爸请教，另一方面也仔细阅读说明书和相关书籍，终于可以得心应手地使用了。从去年秋天开始，每次一到聚会活动，我就会借机练习烤肉。

我分别试验了烤鸡肉丸、烤猪肉和烤牛肉这几种选择。猪肉含脂肪较多，烤的时候油脂容易落到炭火上，不太好烤，还是用烤箱比较合适。于是，我决定BBQ的时候就烤牛肉和鸡肉丸这两种。

想要把牛肉烤得好吃，要在火候调节上下功夫。如果用大火一下子把肉烤熟，牛肉就会硬得咬不动。正确的做法是：点燃炭火后，先用大火在牛肉表面烤出焦痕，然后把炭拨散，用小火持续烤40分钟左右，直到肉熟透为止。

对于新手来说，火候的把握是一件难事，如果不放心，可以用温度计帮忙。不过，温度计从肉中拔走时会使肉汁流出，最好还是通过手摸来判断肉的温度和成熟度。

我在蓝带厨师学校学到的方法是：首先，手掌不要用力，扣在肉块上，按压大拇指根部，如果软绵绵的说明肉是生的；接着，大拇指往内扣，用力，如果感觉难以按进去就说明肉已经全熟。通过这种手感的差别用触摸来判断该如何调节火候。我们一下子不能熟练掌握也没有关系，反复练习几次就能慢慢学会了。

为了避免烤完的肉冷掉，应该用铝箔纸盖住，静置10分钟左右。如果烤完就直接切开会导致肉汁溢出，所以一定要耐心等待。火候还掌握不好的时候，切开后可能会发现里面的肉还是红色的，如果遇到这种情况，可以把切开的肉再拿到火上烤一会儿。

就算是招待客人，主食肉菜还是可以交给先生来做的，想

BBQ三件套：点火器、皮手套和长夹子。

插到烤肉里测量温度的温度计。

想就觉得一身轻松。我只需要在厨房里准备配菜烤时蔬和沙拉就行。布置餐桌也很简单，准备好相应人数的盘子、刀叉和酒杯即可。各种料理都装在大碗里，再配上沙拉。简单轻松的准备工作使得聚会又增加了几分乐趣。

香料盐 　10 月 16 日（星期五）

趁着今天天气好，我从地里收割了几把香草做成香料盐。每年到这个时候，淑子姐都会送给我亲手做的香料盐，今年我打算自己挑战一下。

我一共做了三种。第一种是迷迭香百里香盐。先把从院子里采来的香草摊在竹筐上晒干，然后摘下叶子与盐混合，大功告成。它适合用来给肉菜和根菜类蔬菜调味。第二种是罗勒盐。我用同样的方法把罗勒干燥脱水后与盐混合。本来想着应该可

以用来拌沙拉，没想到罗勒干燥后颜色变得很糟糕，试验失败。第三种是大蒜盐。把朋友种的大蒜切成蒜末，然后在烤盘里铺上一层烘焙纸，把蒜末撒在纸上，拿到太阳底下晒几天，使之脱水。隔一段时间晃动一下烤盘，如果蒜末已经干透，就加到盐中混合均匀，装瓶保存。炒蔬菜或是烤蒜香吐司的时候撒一点，可以增加蒜香风味。

在渡轮上　10月17日（星期六）

今天和 Mami 女士一起去指宿市的一个活动现场售卖烤红薯泡芙。她的女儿旬花也和我们一起上了根占渡轮。在渡轮上可以看到各种大型货船在水面往来，让人不禁兴奋起来。这艘船是从哪里来的？装着什么货物？接着要开去哪里？各种问题一下子蹦了出来。

渡轮的一层是停放机动车的空间。我们偷偷张望了一下，发现那里停着好几台摩托车。看了一眼车牌，只见上面写的是韩语。莫非坐在长椅上吃便当的皮裤摩托车手是韩国人？我见旬花对车手感到好奇，于是试着用英语向他们打招呼。一问，果然是从韩国来的车队。他们从韩国坐轮船到福冈县，然后一路去到大分县、宫崎县，现在又到了鹿儿岛。他们的计划应该是先北上到福冈县，再环游九州岛一周，真是充满冒险精神的旅行！

新米　10月18日（星期日）

稻子收获时节，下本地先生送给我两大袋他引以为豪的绿色有机大米。

实际上，我收到的是绿色有机的稻谷，适合保存在干燥凉

爽的地方，要吃的时候把稻谷送到碾米店，倒入脱壳机加工成糙米。这次我把两袋稻谷都做成了糙米，如果想吃白米，可以再用碾米机加工成白米。稻谷去壳做成糙米和白米后比较容易变质，所以请碾米店的人帮忙给米做了真空包装。

无敌的固定搭配　10月19日（星期一）

今天天气超级好！晚上6点半在鹿儿岛市区的日德协会办了一个演讲会。或许是因为会员里有好几位大学老师的缘故，今天来听演讲的观众里有不少是大学生。今晚我就在鹿儿岛市区的酒店住一晚，明天一早飞回东京。

像演讲会这样需要站到人前的场合，身上的着装会与平时有些许不同。平时，我的活动基本就是在厨房做饭、外出买东西、做各种家事等，所以通常会穿一些宽松、耐脏、易清洗的衣服。

牛仔裤、卡其裤和帆布鞋就是我的日常风格。可是，当我出现在公众场合时，就不能再穿这么休闲的衣服了。虽说如此，我也不可能一下子变得时尚起来，为了避免每次都因为穿洋装而感到焦虑，想办法组合了一套符合自己风格的固定搭配。

黑色或灰色的长裤常年通用。天气暖和的时候，用九分裤搭配黑色平底鞋。天气寒冷的时候，用厚羊毛裤搭配短靴。上身穿简约的单色衬衫或毛衣，再系上同色系的围巾，这就是我的风格。自从定下这种固定搭配后，我再也不用为洋装的事而头疼了，而且可以随着季节的变化应对自如，对此很是满意。

保持优美体态 10月20日（星期二）

从酒店的房间向远处眺望，樱岛的景色也太美了！平时住酒店时，我几乎不会选择吃日式早餐，但今天这家酒店的日式早餐看起来很好吃，便打破了惯例。猪肉酱、猪肉酱汤、米饭、煎咸三文鱼、油炸鱼饼、各种蔬菜、蜜橘、咖啡……美食勾起了我的食欲，不禁大快朵颐，发现每一样都很好吃。

吃完早餐后，我没再回房间，而是在酒店附近走了一圈，目的是找到那家鹿儿岛老牌点心店"明石屋"，买一些高丽饼带回去送朋友。据说这家店早上 8 点开门。高丽饼软糯的口感实在是叫人欲罢不能。

因为要坐飞机回东京，于是拎着高丽饼坐上了机场大巴。在候机的时候，我还偶遇了朋友的女儿。第一眼看到她的时候我还在想，这个姑娘身材真好，仔细一看原来是她。芭蕾舞演员到底和普通人不一样。我注意到，在我们说话的时候，她会时不时地挺一挺脊背。即使是训练有素的芭蕾舞演员也需要时时提醒自己调整体态。

小时候，我因为自己长得太高大而感到自卑，为了让自己看起来小一点，常常缩着脖子弓着背，仪态变得很差。这种小时候的傻念头一直到长大成人都会受其影响。只有靠自己有意识地努力克服才行，应该及时意识到自己的仪态问题，努力挺直脊背、肩膀往后收，并注意收腹，时刻提醒自己保持优美的体态。

全家一起吃寿司 10月21日（星期三）

打开窗户，外面是带着凉意的空气，透过窗户照进来的阳光又让人感到几分热意，真是美妙的天气。这不禁让我想起妈妈以前说过的话："你知道跟你爸结婚后我觉得最好的一件事是什么吗？就是东京冬天的天气！"德国的秋天也很不错，然而冬季太过漫长昏暗，让人想念温暖明亮的阳光。

三天后要穿和服出席亲戚的婚礼，所以今天提前把和服送到了酒店的美容室。傍晚，和爸妈在约定的时间碰头，一起去朋友

开的寿司店吃饭，算是给爸爸做迟到的庆生。我们吃完饭回酒店的路上，拐进帝国酒店的酒吧喝了一杯，真是愉快的一天！

给自己的奖励 10月22日（星期四）

这几天正在举办东京设计周，Miele公司以"Design for Life"为主题在会场设立了展厅和咖啡角。根据活动安排，我要在活动开幕式上推介新型烤箱。为了做好准备活动，我必须提早到达会场，不过，在开工前还是挤出了一点时间和先生一起散步喝咖啡。为了提振士气，我们来到了银座的"WSET"蛋糕店。

棕色的椅子上套着浆洗挺括的镶蕾丝的椅套，桌子上铺着熨得笔挺的雪白桌布。天花板不高，店内面积也不大，但是装修干净简约，让人想起以前的飞机头等舱。店内播放着优美的古典音乐，复古安静的格调颇得我心。

左边是不锈钢材质的榨柠檬工具，挤上柠檬汁后更好吃。

我们进店的时间是 9 点多一点，店内客人不多，可以找自己喜欢的位子坐。我本来只想喝一杯咖啡的，但是先生说："一会还要工作，不吃点东西吗？"于是，我试着点了一份平时从来没有点过的大份火腿烤三明治。

点单的时候，我留意到服务生的名牌上写着的姓氏是"门仓"。我还是头一次遇到相同姓氏的人，忍不住开口跟她聊了几句"你是哪里人"之类的话。这真是有趣的相遇。

不一会儿，烤得刚刚好并已经切成四块的三明治端上来了。三明治里夹着的火腿让我想起小时候过年时第一次吃到的厚里脊火腿的味道。吃饱喝足，我已经电量满满。

擦窗的软皮　10 月 23 日（星期五）

前几天的采访中，我回答了关于"Fensterleder"的问题。

这个"Fensterleder"直译过来就是"擦窗的软皮",指的是擦玻璃窗时使用的柔软的鞣制皮,材质通常是鹿皮或羊皮,在日本一般叫作"油鞣革"。如今,市面上随处可以买到吸水性高的合成纤维擦巾,但是在德国还是有很多人用这种传统的软皮擦窗户。

虽然擦窗户是一件费工夫的事,不过看到擦完后闪闪发亮的玻璃窗,整个人都会感到神清气爽。在擦窗户时有三个注意事项:

1.选择在阴天擦窗户。因为受到日光照射后,玻璃上的水珠还没来得及擦就快速蒸发,容易留下水渍。

2.水桶里装温水,根据玻璃窗脏的程度混入少量洗涤剂和2～3大匙醋。然后,用海绵蘸取混合液后擦拭玻璃窗。

3.用橡皮刮水器把水珠全部刮干净。最后,用软皮把玻璃擦拭干净。

擦窗的软皮(左)和橡皮刮水器(右)。

穿和服出席婚礼　10月24日（星期六）

今天下午要参加亲戚的婚礼，所以在酒店的美容室请人帮我穿上了和服。

穿什么服装出席婚礼，是一个非常令人头疼的问题。如果每次都购置新行头，未免太过浪费，但是随着年纪的增长，以前的衣服也确实不合适了。于是，我下定决心在10年前定做了一套访问服[*]。

和服是稳重的浅蓝色，点缀着贝桶和贝壳的图案。奶油色的腰带绘有橘色和金色的花纹。和服适用于各种婚礼场合，而且足够华丽，穿着去参加派对也没有问题。这套和服已经穿过多次，但我一点都不感到厌倦，每次穿上它都觉得特别喜欢。

---

[*]访问服：日本传统服饰和服中妇人的简便礼服，在新年或郑重访问时穿着。

西餐里加香菇 10 月 25 日（星期日）

　　日本到了秋天时，我可以吃到美味的蘑菇，特别是香菇，它是我很喜欢的一种食材。在德国的有机食品超市里，香菇挂着"shiitake"的牌子出售，是热销的人气商品。香菇的气味浓郁，口感独特，十分好吃。

　　我最喜欢的做法就是煎香菇。简单地用黄油煎熟，然后浇一圈酱油，一边收汁一边让香菇吸收酱油。等到香菇变软，略微散发出焦香即可出锅。煎香菇可以用来配白饭，也可以作为西餐的配菜使用。我个人喜欢把煎香菇放到沙拉里拌着吃。

苹果蛋糕教学 10 月 29 日（星期四）

　　按照每年的惯例，今天是苹果蛋糕的教学时间。因为需要

做一些准备工作，所以我必须在上午 10 点半前赶到教室。不过，我还是先在咖啡馆里翻翻报纸休息了一会儿。忙里偷闲的时间真是无比的幸福。

整个下午和晚上的课都有很多学员参加。其中，还有学员每年都来，并且告诉我"把参加这堂课当作入冬准备的开始"，听到这样的肯定，我简直不能更高兴了。

秋天的风景　10 月 31 日（星期六）

因为工作的关系，今天出发前往福岛县的石城市。坐在从上野始发的特急日立号上，窗外的田园风光让我着了迷。芒草随风摇摆，一派清爽的秋日景象。田间的收割似乎已经结束，在麦秆上堆成小山的大概是红薯吧。稻子也已经收割完毕，树叶开始泛红。

柿子和王瓜鲜亮的橙色在整片景色中分外醒目。我所向往

学员们烤的蛋糕，为了便于区分，上面放着写有学员名字的纸条。

的日本风景应该就是眼前的这种景色吧。果实累累的柿子树静静地"站"在古老的木建筑门前的院子里。房子的外墙没有上过油漆，随着时间的推移，原始的木色慢慢加深，变成了沉静的颜色，与门口柿子树上果子的颜色形成漂亮的反差。

天空高远，广阔无垠。我透过雪白云朵的间隙看到的蓝天分外美丽。

泰国之旅 11月1日（星期日）

早上，从羽田机场出发，去中部的国际机场转机，前往曼谷。我借着先生旅游的最后几天，享受短暂的悠闲假期。飞机上手机没有信号，既不能联络别人，也无法被联络到，手头也没有什么亟待处理的事情，自己仿佛瞬间从这个忙碌的世界上消失了，这种自由的感觉真好。

我在飞机上专心地看了两部日本电影，分别是《澄沙之味》和《海街日记》。两部片子都是安静地描写日常生活的作品。《海街日记》里拍出来的镰仓老式日本木屋的檐廊简直太棒了。

古老与新潮　11月2日（星期一）

今天是个大晴天！我的情绪也很高涨！今天白天造访了支援泰国北部农村黎敦山建设的商店。黎敦山位于泰国的最北端，地处泰国、缅甸、老挝三国交界的金三角地区。长期以来，因为贫穷，村民只能靠种植鸦片维持生活。为了解决贫困问题和消灭毒品，从1988年开始，泰国以王室财团为中心，实施黎敦山开发计划。政府通过给当地人传授咖啡、夏威夷果、桑树等作物的栽培技术来取代鸦片的种植，探索可持续的生产生活模式。如今，这里还大量生产销售陶瓷器皿、纺织品、日本纸

位于曼谷的黎敦山生活商店的入口。

和农作物加工品等各种优质产品。我在商店里发现了一条色彩淡雅的围巾，一眼便看中了它，于是收入囊中。

傍晚，当地的朋友带我们去他最喜欢的索菲特酒店大堂小坐。大堂有一整面墙都是巨大的玻璃窗，我们一边喝着金汤力*一边远眺着夕阳从蓝毗尼公园的那头慢慢落下，这种悠闲的时光简直是奢侈的享受。服务生们都穿着设计夸张的传统服饰，整个大堂就像一个舞台。

接着，朋友又带我们去了另一家被视为泰国文化代表之一的高人气酒吧"Tep Bar"。据说"Tep"在泰语里是天使的意思。我们在萧条的中国城拐入小巷，迎面便看到一座木结构的房子，这里就是酒吧的所在地了。酒吧内部空间逼仄，一楼一进门就看到几张小圆桌，再往里走，只见四个身穿民族服装的男女学生正坐着学习演奏传统乐器。他们用两根木槌同时敲击，快速

---

*编者注：金汤力是一种经典鸡尾酒，英文名为"Gin and Tonic"。

每次在国外去当地的超市时都特别兴奋。

从酒店大堂眺望夕阳落下。

地左右滑动键盘进行演奏，泰式木琴、笛子、太鼓，还有不经意间响起的类似缩小版钹的乐器合奏出充满律动、张弛有度的音乐，真是太美妙了。

沿着盘梯走上二楼，便是一个桌椅齐备的饮食区域。不管是屋内的装修风格还是食物饮料，全部都是泰国风，我还第一次见到用鲜红的草本茶兑出来的鸡尾酒。竹筒做成的烛台也独具风味。

随着经济的发展，当地人越来越多地吸收了西方的生活习惯，他们的生活的确变得轻松方便起来，也变得越来越"洋气"，但总有那么一刻，人们会突然认真地思考自己的身份。看来，每个国家的人都在寻找保留传统和加速现代化进程之间的平衡点。

购物的一天　11月3日（星期二）

我去曼谷时必去的一家店就是"东方市场"（Oriental

Bazaar）。这家店位于高级酒店附近，外表保留着建筑的原始风貌，里面则开店营业。实用的篮筐、贝壳工艺勺等传统工艺品琳琅满目，我真希望这里能一直保持这种传统的氛围。

下午，逛了当地的家居中心和一家专门销售柚木餐具的店。柚木这种材质虽然拿在手里比较沉，但是结实耐用。为了避免鹿儿岛家中的那张桌子留下水渍，我在这家柚木餐具店买了一个可以直接放在桌子上的大托盘。

晚上，我们在"盛泰领使商场"（Central Embassy）地下的一家泰式餐馆吃了晚餐。虽然有点路边摊的感觉，但看上去干净卫生，可以放心地吃。

搭飞机回日本　11月4日（星期三）

回日本的航班上午8点起飞，所以我5点钟的时候就办理了退房手续。带上酒店提供的早餐便当，坐出租车赶赴机场。今天几乎一整天在飞机上，倒也乐得轻松。

下午茶时间　11月6日（星期五）

今天，我把朋友们召集到家里开了一个下午茶派对。这次并没有特意外出采购，而是充分利用了家中现有的食材。

把红玉苹果稍微煮熟，做成苹果酸奶油蛋糕。家里还有瓶装的自制橘子凝乳，于是拿来做饼干的夹心。我想着不能都是甜点，最好搭配一点咸味的小吃。于是，我把朋友的伴手礼镰仓某面包房的裸麦面包也利用起来。在面包上先放几片奶酪和烟熏三文鱼，再放几片酸橙片。没想到酸橙片倒成了大获好评的主角。

温暖双脚   <small>11月7日（星期六）</small>

一到冬天，怕冷的我总是早早地穿上紧身裤。但是，穿着紧身裤走路容易打滑，所以大脚趾的根部会特别用力。另外，其他脚趾也受到拉扯，脚越来越痛。我一直想，为了御寒只好硬着头皮穿，直到今年尝试了融入发热科技的打底裤之后才发现了更好的对策。用打底裤搭配棉质短裤，就能避免穿紧身裤时遇到的那种困扰。舒适的棉袜让我的双脚可以轻松着力，脚部的疼痛也消失了。

去广岛   <small>11月8日（星期日）</small>

今天在广岛县的福山市和广岛市都有工作安排。从福山坐新干线赶往广岛的时候，发现我坐的这趟车的终点站是鹿

儿岛。看来整个日本都能用线路连通起来，不禁感到又惊又喜。

　　因为工作的关系，经常全国各地跑，可惜由于形程安排紧张，绝大多数时间只能待在室内。抵达福山时，我并没有发现福山城的美景，当我站在新干线的站台上准备赶往广岛时，才被眼前的景色迷住了。后来一问才知道，原来福山火车站就建在福山城的城区内。

在三条市开讲座　　11月9日（星期一）

　　搭乘11点左右抵达的新干线前往新潟县燕三条地区。今天的会场设在裕几子的朋友开的豆沙水果馅蜜＊店里。这次讲座的主题是"珍惜生活中的老古董"，为了配合主题，裕几子

　　＊译者注：馅蜜，自明治时代流传下来的一款传统日式甜品，由寒天冻、蜜红豆、白玉团子和水果组成，吃时会淋上黑糖熬成的蜜酱。在日本，馅蜜是夏天吃的甜品。

还特意帮我借来了大正时代的冰杯。

　　每次开讲座的时候，我都会想到一个问题：自己常常提到德国的事情、德国的外祖父母的故事、鹿儿岛的故事、对自己来说重要的东西和生活中的琐事等，如果听众误以为我讲这些事情是为了告诉大家"这样很好，请模仿我的做法"，那我该怎么办？事实上，我之所以会告诉大家那些事情，恰好只是因为它们对我来说很重要而已。对于每个人来说，现阶段自己最重要的东西都是因人而异的。如果我的故事可以引导大家找到自己最重要的"宝贝"，那将是我最开心的事。

去买德国葡萄酒　11月11日（星期三）

　　位于银座的"WINAX"是一家德国葡萄酒专卖店。店主星野先生每年都会亲自跑到德国的酒厂选货。因为要把酒从德

国运到日本，星野先生对运输方式十分讲究，听说他店里的酒都是用冷藏集装箱运送过来的。在他的店里找不到适合日常饮用的廉价葡萄酒，不过适合聚会用酒价位（3000 日元～ 10000 日元）的葡萄酒倒是应有尽有。看店的老板娘向我们介绍了各种关于德国葡萄酒的常识，相谈甚欢。

最后，我心满意足地买了两瓶德国葡萄酒。

细雨中散步 11 月 15 日（星期日）

有时候在家里待久了，会突然感觉自己的视野缩小到身边半米左右的范围，站也不是坐也不是，这种时候就应该出去走走了。走到室外，凝视远方，试着改变自己的焦点，看看树、看看花。

虽然今天外面飘着小雨，但我接连好几天被困在家中工

穿上防水的防风衣，无须带伞。

作，心情有点闷，所以还是决定出去散步。穿上有防水功能的连帽防风衣，一边散步一边努力抬头看。终于，阴郁的心情慢慢放晴，视野渐阔，神清气爽。

鹿屋运动食堂　11月16日（星期一）

今天坐早班飞机回鹿儿岛。从机场开车回家，途中我在最近很热门的"鹿屋运动食堂"吃了午餐。这家餐馆是由鹿屋体育大学、当地餐饮协会和鹿屋市政府一起打造管理的。在这里，食客可以自由组合营养搭配均衡的菜品。羊栖菜和豆腐渣、炖蔬菜、猪肉酱汤等，利用当地食材制作的菜品不在少数。

天气好，所以我坐在露台上吃饭。这里的菜品不仅味道好而且营养满分！

换季更衣　

　　为了今后能尽量方便地收纳洋装，鹿屋的房子在规划时，特意做了一间步入式衣柜（衣帽间）。衣帽间里有一整面墙留出挂衣服的空间，另一侧则是收纳内衣等小物件的抽屉和开放式的柜子。柜子的尺寸基本以可放入 8 件叠好的针织衫为准，宽度为 21 厘米，深度和高度均为 30 厘米。把 4 个柜子并排摆放，就变成上下 4 层的柜子。下面两层用来收纳现在要穿的衣物，上面两层需要踩梯凳才能够到，用来收纳过季的衣物。上下格子尺寸相同，每次换季的时候只需把上下层的衣物互换位置即可，轻松便捷。

　　换季更衣的时候，我会借助硬纸板来折叠毛衣和 T 恤。受到商场店员用硬纸板整理商品的启发，我根据家里衣柜的尺寸，自己裁了一张大小合适的硬纸板。首先，把毛衣或衬衫背面朝上摊开，平放在床上或其他合适的地方。然后，把

左 / 使用硬纸板可以把衣服迅速折叠整齐。右 / 横向 4 排、纵向 4 排的开放式衣柜。

硬纸板放上去，沿着硬纸板的边缘将衣服折叠起来。最后，抽掉纸板，折叠后的衣服大小正好适合放进衣柜。这种方法只在换季整理的时候使用，看到衣柜里整齐有序的衣服，心情特别舒畅。

农夫风　11月18日（星期三）

先生很喜欢在泰国游玩时朋友送的泰国农民日常穿的藏蓝色衬衣和粉色披巾，常常穿在身上出门。这条披巾在泰国人手里可是有很多种用途的：夏天盖在头上防晒，冬天围在脖子上御寒；可以当毛巾擦汗，也可以围在腰间，基本上和日本人的手巾差不多。不过，泰国的披巾要大得多，最大的甚至有一张榻榻米那么大。随身带着这样的一块布，能提供很多便利，用脏了就丢到水里使劲地洗。

上野先生的蜂蜜　11月19日（星期四）

我一直在寻找高品质的蜂蜜。直到今天夏天，在 Mami 女士的介绍下结识了在樱岛从事蜂蜜采集的"蜜二代"上野夫妇，我才买到了高纯度的好蜂蜜。蜂蜜是自然的产物，不同时间出产的蜂蜜在口感上会有很大差别。上野先生会亲自品尝每一批蜂蜜，如果口感不是那么好，就批发给做加工食品的客户。只有他认为口感过关的蜂蜜才会零售。今年，我收到了上野先生赠送的来自樱岛的百花蜜。因为同时在网店销售，所以收到的蜂蜜是瓶装的。放到秤上一称刚好 200 克，真是非常精准。

蜂蜜的生产全靠自然。听说上野先生是借用朋友的田播种紫云英*，然后把蜜蜂带到田边饲养。我已经征得星野先生的同意，明年参加播种活动，怀着一颗期待的心等待着春天的到来。

---

*译者注：紫云英为豆科植物，别名红花草、米伞花、荷花郎等，是主要的蜜源植物之一。

订购食材 11月20日（星期五）

今天迎来了久违的晴天，是一个洗衣服的好天气。中午时分，我收到了下个月做史多伦面包需要用到的黄油，打算在今年新完工的鹿屋工作厨房制作史多伦面包。其他的原料也已经下单，总算是松了一口气。

我参与策划的由鹿屋市政府主办的观光车游览项目明天终于要正式开张了。希望明天也是一个大晴天。

大隅幸福之旅 11月21日（星期六）

今日多云，不过比起天气预报里说的下雨，老天爷已经算是给足了面子。7点40分，我在市政厅同今天的导游以及市政厅的工作人员碰头，四个人一起前往渡轮码头。游客们已经

大隅幸福之旅的广告。

陆续到来，大家互相问候，观光之旅正式开始。

今天的行程安排有：垂水千本银杏园、荒平神社、福留小牧场、吾平山脊、旗山神社和鹿屋玫瑰园。第一站落脚的地方垂水千本银杏园，是最近人气很高的一个景点。其实，这里是一片私人土地。银杏园的主人中马吉昭先生也登上大巴车，告诉我们这个银杏园的来历。大约30年前，中马吉昭先生结束东京的生活回到家乡，继承了祖辈传下来的这片荒地，和妻子两个人一起开垦。他们每年都种一批银杏树，持续至今这片土地上已经有1200余株银杏树，荒地变成了银杏公园。在中马吉昭先生的叙述中，"自助、共助、公助"这几个词给我留下了深刻的印象。也就是说，在自己的努力、周围人的帮助和公共机构的扶持下，才有了今天这千余株银杏树。这三个词一般是在面对灾害的时候经常被提及，没想到还能被用在普通生活中。

直到中午一直没有下雨，于是我们在福留小牧场的院子里支起桌子，按照预定行程做户外脱口秀。脱口秀结束后是自助

坐在历史悠久的大银杏树下。

餐时间，天公作美，让大家能在室外进餐。

参加这次大巴观光游的游客大多是五六十岁的中老年人。有人是在经历过很多事情之后决定独自旅行，有人是从福冈县或静冈县特地赶过来参加。或许是因为这个年龄层的人正处在回顾过去，为将来做打算的时期吧。有些话不能对身边的人说，却可以告诉旅行途中同行的陌生人。跳出日常生活，从另一个角度重新审视自己的生活，或许这就是这趟旅行的魅力和意义所在。

每个人都有不同的故事，有些事情真是做梦都想不到的。如果大隅优美的自然环境可以治愈这些疲惫的心灵，让他们重获力量后踏上回家的路就好了，和大家告别时我这样想到。

集市 11月22日（星期日）

宣传大隅的饮食和生活文化的早市近期开始在每月的第四

用来盛汤的纸杯。

个周日定期举办，我也参与其中。我售卖的是昨天参加大巴游的游客中午吃过的西蓝花浓汤。大葱炒熟至软，然后加入切成小块的西蓝花，倒入足量的水，炖煮到西蓝花酥软。用搅拌器打成糊状，然后加入蓝奶酪，再加少许盐调味即可。隔壁摊位的负责人是本地意大利餐馆的老板内田先生。这真是不错的组合。内田先生做的佛卡恰面包和自己煮的西蓝花浓汤就是我的午餐了。

来自鹿儿岛市区的民间工艺品店也在这里设摊，我挑选了一件正月里挂在玄关的装饰品——用黑米的稻穗制作的小注连绳，简单又漂亮。鹿屋的残疾人关怀中心"Lanka"的伙伴们手工制作的日历也有出售，绘画精美，色调和做工都很棒。用"Lanka"的日历时，翻页成了一种乐趣。

"Lanka"的日历。

山茶油　11月23日（星期一）

在鹿屋逛超市的时候，有人问我："听说最近椰子油很火，吃那个真的有好处吗？"我一时不知道该如何回答。想必椰子油的确对人体有益，但要让我吃一种从来没有吃过的东西，还是会感到别扭。其实，在开始使用那些不常见的新品种前，我们不妨先试试身边各种常见的有益于身体健康的东西。

最近，我在鹿儿岛购买使用的是国产的菜籽油。这种油是将有机油菜花的籽榨成油后经日本纸手工过滤后得到的产品（全程没有添加剂和化学药物）。它虽然香气不是特别浓，但至少可以放心使用。

另外，鹿儿岛还出产山茶油。随处可见的山茶树，到了秋天时，果实爆裂，种子被弹出来。我们把种子集中捡起来，晒干后送到油坊，就能榨出山茶油。婆婆每年都会榨一瓶一升装的山茶油。至于使用方法，洗澡的时候抹在头顶可以防止头晕，涂在干燥的皮肤上可以起到滋润的效果，另外，由于山茶油富含亚油酸，作为食用油也对人体十分有益。

我认为，在挑选食品，尤其是挑选每天使用的调味料时，应该好好调查一下产品的生产工序和安全性，在自己完全放心和接受的情况下再做出选择。

试做胡萝卜蛋糕　11 月 24 日（星期二）

我把做史多伦面包需要用到的果皮准备好了。第一步，先用高枝剪把院子里的柚子剪下来。然后，把柚子充分洗净，切开后挤出果汁留着做菜用，再把柚子皮切成细条，加砂糖炖煮。自己动手做出来的香味果然和买来的不一样。煮完后静置冷却，然后放进冰箱保存，12 月再来鹿屋时可以直接拿出来用。

回到东京的第二天，我要为《南日本新闻》的连载拍摄照片。这次，我准备的点心是胡萝卜纸杯蛋糕。纸杯蛋糕较易保存，所以事先在鹿屋的家里做好了带到东京去。我刚好买到了新鲜饱满的胡萝卜，正好适合做纸杯蛋糕。

胡萝卜蛋糕

●材料（每个65mL左右，共24个）

细砂糖200g、色拉油180mL、原味酸奶60g、鸡蛋3个、香草少许、低筋粉250g、泡打粉1小匙、肉桂粉2小匙、肉豆蔻粉1/4小匙、盐1/2小匙、胡萝卜碎260g、葡萄干80g

●制作方法

1.将低筋粉、泡打粉、肉桂粉、肉豆蔻粉和盐充分搅拌混合，静置在一边。

2.胡萝卜削皮，擦成碎条。

3.用手持搅拌机将细砂糖和色拉油充分混合打匀，然后加

入酸奶搅拌。接着,分次加入鸡蛋搅拌均匀,并加入香草。

4. 用橡胶刮刀把步骤 1 中的面团分成 2～3 份,要充分揉匀,避免产生面疙瘩。

5. 将胡萝卜碎和葡萄干依次加入面团,纸杯蛋糕模具里垫上烘焙纸待用。将面团装入模型,以 8 分满为宜。

6. 放入预热 180℃的烤箱烤制 17 分钟。用竹签刺入蛋糕后拔出,如果没有粘连说明已经烤好,如果有蛋糕粘连说明时间还不够,需要再烤几分钟。烤完后,把蛋糕放在网架上冷却。

收获之秋 11 月 25 日(星期三)

有一位叔伯辈的亲戚送来了刚从地里挖出来的新鲜红薯。

说起红薯，比起刚挖出来的，还是放一阵子的更好吃。红薯最吸引人的地方就是甜味，但是新鲜红薯的糖度还不高，有必要让它们静静地"睡"一段时间。

经过鹿屋市管理认证的"鹿屋红遥"（甜薯）为了保证品质，规定红薯挖出来后要储藏40天以上，然后再做糖度检测。烤熟后的"鹿屋红遥"特别软糯香甜，简直像甜点一样，相当好吃！

摄影和读书会 11月26日（星期四）

我昨天下午回到东京，今天一大早就开始忙《南日本新闻》的摄影工作。摄影师石川和我已经合作过多次，是彼此知道脾气的朋友，摄影工作在愉快的氛围中一眨眼就结束了。

12点时参加了久违的读书会。我今天推荐的书是铃木孝

夫先生写的《语言与文化》。虽然作者是语言社会学方面的大学教授，但是他写的这本书浅显易懂，语言风趣，深入浅出地介绍了语言和通过使用语言带来的文化影响。这本书于1973年首次出版发行，到现在已经是第75次重印了，简直可以被称为经典。看完这本书，我也多少了解了日本人说不好英语的一些原因。

降临节花环 11月27日（星期五）

每年到了这个时节，花艺老师圣美女士都会送给我一只亲手制作的降临节花环，我则将史多伦面包作为礼物送给她。这样互换礼物已经成了惯例。今年约好在车站取她的礼物，为了携带方便，她并没有把花环做成环形，而是做成了一根细长的冷杉装饰。

风信子花瓶　11月28日（星期六）

大约20年前，我在德国的一家古董店里偶然发现了一个风信子花瓶，从此一发不可收拾，成了风信子花瓶爱好者。据说，在16世纪，风信子是几乎跟郁金香同时期从土耳其传入欧洲的。过去，玻璃和陶器尚属贵重物品，风信子作为水培植物是一种只有富裕阶层才能拥有的奢侈爱好。不过，随着工业革命的到来，玻璃制品等产品的价格直线下降，水培风信子也成了普通民众都能享受的爱好。

转眼又到了在园艺市场能看到风信子球根的时节。我也买了一颗球根放在花瓶里，加水至正好触及球根底部的位置。

风信子一开始应该放在避光阴凉的地方，制造出和冬天的土地里相似的环境，让球根以为到了应该生根的季节。为了遮光，我给球根套上纸帽子，帽子里面衬着铝箔纸。这种状态要保持6～8周。

把风信子的球根架在花瓶里，为了营造出与在土地中相似的环境，我特意给它们戴上纸帽子。

家庭派对　11月29日（星期日）

　　爸爸邀请一帮老朋友来家里聚会，我也过去帮忙准备。派对是冷餐会的形式，所以事先在房间一角的桌子上准备好各色餐点，供大家自己取用，饮料酒水也集中摆放在桌上。

　　我做了哥尼斯堡风的肉丸配土豆泥，还有乳蛋饼和生鱼片沙拉。这种无国界混搭风格的菜肴组合给餐桌增添了不少乐趣!

降临节主日　11月30日（星期一）

　　按照德国的习惯，昨天是降临节主日，昨天开始进入圣诞节的倒数计时。德国各地的圣诞集市也从昨天起纷纷开始营业。家家户户开始烤圣诞曲奇、史多伦面包、姜饼屋等糕点，一点一点地做着迎接圣诞节的准备。

在德国，圣诞节当天固然是一个大日子，但是等待圣诞节到来的降临节这段时间对于德国人来说似乎更为重要。每年的降临节开始时间都不是固定的，所以要查看日历确认。先把日历翻到12月，找到12月24日圣诞夜，往前紧挨着的那个周日就是降临节第四主日。接着，以此往前推，分别是降临节第三主日、降临节第二主日和降临节主日。在降临节主日的当天，德国人会在家中摆出降临节花环，并点燃一支蜡烛。

宁静祷文　12月1日（星期二）

这几天早晚气温较低，中午的天气却是暖洋洋的，真是让人捉摸不透。我出门去图书馆还了还没来得及看的书，然后11点在原美术馆与在奈良开咖啡馆的朋友喜多女士碰头。最近的工作行程排得很满，难得挤出一点时间放松一下。喜多女士的

父母住在东京，最近的地震让她对父母的情况有点担心。于是，我提起了尼布尔的祷告（Serenity Prayer），恰好她也听说过。

这篇《宁静祷文》是美国神学家雷茵霍尔德·尼布尔所写的祷告词，流传的版本很多，我所知道的是下面这个版本[*]。

God, grant me the serenity to accept the things I cannot change,

The courage to change the things I can,

And the wisdom to know the difference.

神よ

変えることのできるものについて、

それを変えるだけの勇気をわれらに与えたまえ。

変えることのできないものについては、

それを受けいれるだけの冷静さを与えたまえ。

---

[*]译者注：原书此处列出英文版和日文版两种，我在日文版后增加了对应的中文译版。

そして、

変えることのできるものと、変えることのできないものとを、

識別する知恵を与えたまえ。

上帝啊，

对于那些我能够改变的事情，

请赐予我勇气去改变；

对于那些我无法改变的事情，

请赐予我平静去接受；

然后，

请赋予我智慧，以分辨两者的区别。

我第一次听到这段祷文是在观看 2010 年的美国电影《说来有点可笑》的时候。我很喜欢这段话，到现在为止还会时不时地回想起来。

圣诞料理教室 12 月 2 日（星期三）

今天在自己家里开特别料理课。学员将在中午 11 点到达，在他们到来之前，我要做好准备工作，该摆的东西摆好，该收拾干净的收拾干净。圣诞节的装饰工作做起来也令人心情愉悦。

学员到齐之后，我先端出香料热葡萄酒（Glühwein，在红葡萄酒中加入糖和香料后加热而成）招待大家。搭配红酒的小食是卡纳佩——在裸麦面包上点缀生火腿和胡萝卜沙拉，放在茶几上供大家自由选用。

圣诞料理是在假定有客人到访的情况下制作的料理，所以最重要的一点是步骤不能太过复杂。今天的主菜是烤猪肉。将猪肉块的表面烤熟后放到锅中，加入香味蔬菜、薄荷和清汤，盖上锅盖，整锅放入烤箱。这种做法能让猪肉受到适度的蒸烤。将近 30 分钟的蒸烤后，猪肉几乎已经熟透，这时将准备好的根菜类蔬菜放入烤箱上层。开锅检查一下猪肉的情况，熟透即

可取出，并将肉汤熬成浓郁的肉汁。配菜是德国人的圣诞餐桌上必不可少的紫甘蓝炖苹果。为了给略带苦辣味的芝麻菜沙拉增添一点圣诞的色彩，我特意在上面撒了一些石榴果粒。

香料热葡萄酒 Glühwein

●材料

红葡萄酒[*]1瓶、香料（肉桂1块、丁香5棵、柠檬皮少许、小豆蔻2个、生姜少许等）、橙子1个（橘子1～2个亦可）、白砂糖或蜂蜜适量

●制作方法

1.如果把香料研磨成粉末，在饮用葡萄酒时会喝到香料渣，所以尽可能地使用原始形状的香料。无须备齐上面提到的所有香料，按自己的喜好组合就行，把香料和红葡萄酒一起倒到锅

---

* 不必使用太贵的葡萄酒，不过葡萄酒的味道会直接影响成品的口感，所以还是要选用口感好一些的葡萄酒。推荐大家用价位在五六十元左右的果味葡萄酒。

中。然后，往锅内加入刚榨出来的橙汁，按个人喜好加入白砂糖或蜂蜜。

2. 把锅放到火上加热，在酒煮沸前把火调小，用文火煮15分钟，关火。如果时间允许的话，把煮好的葡萄酒静置冷却，让香料的气味慢慢渗入酒中，然后重新加热饮用。

....

福禄贝尔星　12月3日（星期四）

从今天开始，好友伊冯娜要在我家小住。我提前预约的租用被褥已经由快递送到家里，租用一周的费用是7600日元。从这家店租来的被褥干净舒适，用完后可以直接寄快递送还。因为东京的家里没有足够的空间收纳供客人使用的被褥，这种租赁方式真是帮了大忙。

左 / 用 4 条纸带组合编制。右 / 立体的福禄贝尔星成品。

每年到了这个时候，各种和圣诞有关的教学活动就排得满满当当。今天，在NHK文化中心的光之丘教室上了一堂福禄贝尔星（Fröbelstern）的教学课。福禄贝尔星是一种用细长的纸条折叠而成的圣诞节星形装饰。没错，今天上的不是料理课，而是折纸课。

折星星比想象中要费劲得多。把4张裁成长条的纸片组合到一起，一步一步折叠起来，这个步骤很难用语言来讲解，最后只好一桌桌亲手指导，让大家一步步跟着我做。你一旦学会了折叠方法，可以用不同颜色的纸条进行组合，也可以把8个星星串成1个星星环，总之可以扩展出多种组合。

小时候，我从妈妈那儿学会了福禄贝尔星的折叠方法。听说，妈妈是小时候在学校里学会的。福禄贝尔星的发明者是世界上第一所幼儿园的创办者德国教育学家弗里德里希·福禄贝尔。据说，他是想通过折纸这种方法，让孩子们自然地学会数学化的思考方法。

结婚纪念日的晚餐

昨晚，瑞士朋友伊冯娜抵达我家。这是继上次夏天见面后的再次相聚。

今天下午，在八王子上了一堂和昨天相同的折星星的课程。我吸取了昨天的失败教训，调整了对折叠步骤的描述。但是，还是有几乎半数学员在进行到一半的时候遇到了困难。很抱歉，我只好请这些学员下课后留下来，再一个个地手把手教。

我打算明年制作一份简明易懂的福禄贝尔星折叠教程，这样学员就能拿着教程回家后自己学习了。

今天是我和先生的结婚纪念日。每年的这一天，我们都会去同一家法式餐厅吃饭。我们不会刻意地把结婚纪念日的庆祝活动调整到周末，而是尽量在当天进行。因为伊冯娜暂住在我家，所以去吃饭的时候也带上了她。其实，这家店还是2015年伊冯娜夫妇介绍给我们的。在这家店里，我学到很多欧洲人享用葡萄酒和美食的方法。伊冯娜的先生是一个法式料理和红酒爱好者，年轻时甚至还想当主厨。他教会我们，在平常日子里无须太奢侈，找一家好餐厅点几个普通的菜也能好好享受美食和美酒。首先是餐前酒（香槟之类的气泡酒），如果主食是鱼类，就搭配白葡萄酒，如果主食是肉类，就搭配红葡萄酒。餐后则应该选择红波尔图酒之类的甜食酒。

伊冯娜的先生常说这样一句话："人生短暂，当然要多喝一些好酒。"这句话对于人生中的很多场合都适用。

用 60℃的温水洗衣服　12月6日（星期日）

今天起了一个大早，和先生、伊冯娜一起坐飞机去鹿儿岛。这次去鹿儿岛是为了在鹿屋的工作厨房制作将在网店出售的史多伦面包。我将从德国寄来的沉甸甸的杏仁糖浆也一并装进行

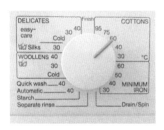

洗衣机上的旋钮，可以选择衣物材质和水温。

李箱，带去鹿儿岛。

回到鹿儿岛的家，第一件事就是把行李箱里的东西都取出，把箱子塞进壁橱。虽说只在这里住一周，也可以不把东西全都拿出来，但是我每次走过半开着的行李箱总觉得碍手碍脚，还不如下定决心把东西都整理妥当。这样要用某样东西时拿起来也方便一点，效率更高。如果到家后先坐下来休息，回头就懒得整理了，所以应该一进门就迅速动手，其实很快就能搞定。

我问伊冯娜："有没有要洗的衣服？"她递给我一套睡衣，说："麻烦用60℃的温水洗。"在日本，衣服普遍水洗，但是德国的洗衣机一般带有温度设定功能，可以选择40℃、60℃、90℃这三档温度。用高温洗涤主要是出于卫生的考虑。在日本，可以通过晾晒让阳光对衣物进行杀菌，但是欧洲的冬天日照不足，过去甚至通过煮衣服来杀菌。

考虑到对衣服的爱护和对环境的保护，并不是所有衣服都用90℃高温的水清洗。污渍较少的衣物一般用40℃的温水清

洗。洋装的污渍多为皮脂和汗渍，用稍高于体温的温水清洗即可。对于污渍更严重或者是出于卫生考虑想彻底清洗干净的睡衣、枕巾或床单等就选择60℃的温水。婴儿的襁褓、老年人的寝具则用90℃的水清洗。根据衣物污渍的严重程度将其分类，如果担心衣服褪色再按颜色分类，把要清洗的衣服分成几大类后，根据不同要求分次设定水温进行清洗，这就是德国人的洗衣方式。

做史多伦面包   12月7日（星期一）

终于到了做史多伦面包的日子，我跟淑子姐一起做史多伦面包还是第一次。以往，打年糕、做日本菜的时候总是淑子姐担任主角，今天换我当主角。早上7点，我们走进工作厨房，开始制作史多伦面包。

做任意一种料理或糕点，最重要的一点都是步骤安排。材料是否已经齐备？工具是否已经备齐？这些都需要我们提前确认。原材料的称量工作已经在昨天提前完成。

本周的目标是制作 120 个史多伦面包。史多伦面包在烤制完成后还需要加热并涂抹黄油的步骤。工作厨房里有两台烤箱，顺利的话一天可以烤出 40 个史多伦面包。我俩连续烤三天，就能完成 120 个的目标。然后，第四天抹黄油，第五天撒糖霜并进行包装，大功告成。

伊冯娜和我家先生轮流负责做饭。上午 10 点钟是点心时间，12 点吃午餐，下午 3 点又是间食时间。这样的节奏让我不知不觉中变得干劲十足。今天的午餐是烤箱版裸麦面包三明治，是夹着生火腿的瑞士风午餐。

今天总算是顺利完成任务，烤出了 40 个史多伦面包。

将面团发酵。

揉捏出形状，在烤箱上静置。

扫落叶 12月9日（星期三）

今天是个雨天。史多伦面包的制作进度还算顺利，昨天的收工时间还比前天稍微提早了些。到今天为止，120个史多伦面包顺利烤制完成。

虽然天气不好，但是为了调节一下紧张工作后的情绪，大家还是决定开车出去兜风。荒平海岸、鹿屋玫瑰园、田神路、能眺望开闻岳火山的雾岛山，各地都转了一圈。一来到户外就能感受到一种开阔感，整个人都神清气爽。

抵挡不住大风大雨的侵袭，院子里的银杏树落叶纷纷。这时就轮到先生的姐夫出马了。每次姐夫扫完落叶的院子都特别漂亮。我向他打听秘诀，他说只要能让刚好经过的人感觉"好干净"，自己就心满意足了，所以尽力把地上的落叶扫得精光。然而，这种地上没有一片叶子的状态估计只能持续几秒钟，只要风一吹，很快又有新的树叶飘落。尽管如此，我们还是应该

清扫院子很费劲！

尽力把落叶扫干净。清扫落叶的另一个关键是从上风向往下风向扫。姐夫扫落叶的范本是寺庙里的庭院。或许其中也隐含着他的精神追求。

现在，我家先生也在练习扫落叶。在鹿屋停留的这几天，每天早上扫院子成了他的功课。扫完院子再泡一会儿温泉，简直完美。

抹黄油 12月10日（星期四）

到昨晚为止，我们已经把120个史多伦面包全部烤好，今天的任务是给史多伦面包抹黄油。同时，伊冯娜也在今天回东京了。

我到了工作厨房后发现糖霜不够用，于是又上街去买。一转眼就到了午饭时间，于是决定到上次在集市设摊的内田先生

烤好的史多伦面包用铝箔纸包裹后放进浅木盒，层叠摆放。

史多伦面包重新加热后涂抹上黄油。

的面包房"Focacceria Ricco"去看看。店内装修考究,令人欣喜的是还设有堂食的座位。我点了一份手工裸麦面包生火腿三明治和土豆迷迭香佛卡恰。美味的食物让人精神为之一振。在我离开的时候,内田先生看到了我,赶紧脱掉炊事服和帽子从厨房里跑出来,头发乱蓬蓬的,脸上也已经脱妆了。看来内田先生也是一个随性自我的人。

回到工作厨房后,我开始专心地给史多伦面包抹黄油,感觉身上也渐渐沾染了黄油的香甜气味。

包装 12月11日(星期五)

今天的工作内容是把史多伦面包单个包装好并整体打包。先把单个史多伦面包装进塑料袋,然后扎上蝴蝶结,看似简单的动作做起来意外地需要耐心,只好一个一个地仔细包装。明

天就是发货的日子了,希望这些成品可以顺利地送到客户手中。

Sarugga 12 月 12 日(星期六)

12 月 25 日,一家名为"Sarugga"的精品店将在鹿屋市中心的北田商业街开业。"Sarugga"这个发音在鹿儿岛的方言中是向前走的意思。我也有幸在这家店内占据一席之地,可以出售自制果酱或古董小物之类的东西。

店铺将于 25 日圣诞节开始试营业,我想要是能布置出华丽的圣诞气氛就好了,于是想了各种各样的点子。淑子姐和我一起尝试了多种装饰手法,把成品摆在一起比较,但是家里的环境总归和店里不一样。果然还是要摆在店里才能看出效果。可是,明天就是我回东京的日子了。幸好淑子姐审美眼光不错,处理这点事情完全没有问题,后面的事情就拜托淑子姐啦。

感谢淑子姐帮我找到这么棒的玻璃陈列柜。

铜丝抹布　12月13日（星期日）

把厨房和浴室打扫干净，厨具也都刷洗干净，这些是回东京之前要完成的准备工作。锅子用过几次之后就会积起焦垢等污渍，我刷洗锅子时用的是德国产的铜丝抹布。铜是较为柔软的金属，清洗时不容易在物品表面留下划痕。这种铜丝抹布不仅可以用来清洁所有金属材质的锅，还能毫无伤害地清洁玻璃制品表面。所以，它也非常适合用来清洁最近越来越多人使用的玻璃面板 IH（间接加热）技术加热炉灶。

生活中的设计　12月14日（星期一）

今天上午，我接受了一个以全世界的设计为主题的网站的采访，主要向对方展示生活中平常物件的设计趣味。我挑选了

日常使用的厨房工具、优雅的古董玻璃餐具、巧妙利用的有趣装蛋碗这三种物品进行介绍。

　　在对话过程中,我对于这些日常使用的物件又有了新的认识。平平淡淡的日常生活才是真正的人生。特殊的日子、特别的场合在人的一生中是少而又少的,到底还是每天继续着的日常生活才最重要。而让日常生活变得美好起来的正是我介绍的这些中意的物件。削苹果时顺滑的手感是一种美好,倒红酒时触碰到纤细优美的玻璃杯是一种美好,这些美好才是最大的幸福。

漂亮好用的厨房工具。

古董玻璃餐具。

装蛋碗。

橄榄油　12 月 15 日（星期二）

今天收到了从意大利寄来的橄榄油。其实，一个月前我就已经把去年收到的橄榄油用完了，这箱油来得正是时候。

一位朋友曾说："追求调料品质的人才是最聪明的人。"对于这句话，我深表赞同。如果追求食材的品质，哪怕是花几百上千元买来的东西，吃一顿也就消灭光了，但是调料可以用很久，可以让很多料理变得美味。

超市里有各种各样的橄榄油出售。如果你有偏好的口味，可以按照自己的喜好来选择。不过，我们在选购时有四个事项需要注意：

1. 保证新鲜。

2. 采用冷榨工艺制成。如果在榨油过程中加热，会使油氧化，不仅影响口感，食用后也不利于身体健康。

3. 特级初榨橄榄油中的"特级"指的是酸度低，"初榨"

是第一道榨取的意思。

4.橄榄油怕光怕热，所以理想的橄榄油瓶应该是能避光的有色容器。阴凉避光的地方是合适的保存场所，并且，橄榄油应该在生产后一年内用完。

中华料理之宴　12月16日（星期三）

今天是个大晴天。虽然空气中带着丝丝寒意，但是干燥凉爽的天气也算宜人。今天，我也参加了爸爸和高尔夫球友们的年终聚会。因为聚会牵头人的太太是中华料理的老师，所以爸爸无论如何一定要把她介绍给我认识。

来参加聚会的都是从年轻时代开始就玩在一起的老朋友。他们还拿出过去的老照片给我看。当时，大家都还很年轻，一个个英姿飒爽。在照片里，我的妈妈还穿着迷你裙，那时的我

整条的油炸鲷鱼！

还是刚会走路的年纪。大家能保持这么长久的友谊，真是了不起！这种关系让人不禁有些羡慕。

宴会以汤打头，陆续端上来烤牛肉、虾鱼火锅等各种美味。其中，让我大吃一惊的是整条的油炸鲷鱼。听说是把整条鱼放到锅中，然后一边从上面浇油一边炸。鱼肉蘸酱后相当美味，好吃得停不下来。

大家都不懂中华料理的做法，家里也没有合适的炊具，所以肯定不会在自己家里做中华料理。能够在家宴中吃到如此正宗的中华料理，真是一桩新鲜事，想必大家每年都在期待这一天。

烤饼干 12月17日（星期四）

为了准备下周的饼干教学课上给大家试吃的饼干，今天请来朋友 Riza 帮忙，两个人一起做饼干。因为是每年都会一起

做的饼干，所以我们轻车熟路地做了很多。

在日本，说到圣诞节的糕点，大家的第一反应都是蛋糕。不过，对于德国人来说，最有圣诞节气氛的糕点是饼干。每个家庭都有自家最喜欢的某种饼干式样。在降临节期间，很多家庭会把饼干烤好，然后放进饼干罐保存。当家里来客人时，无须临时做糕点，把之前烤好的饼干拿出来待客。这和日本的正月料理出发点是一样的，是一种应对繁忙时节的智慧。

像圣诞节、正月新年这样的节日，我家的必备糕点几乎一直是那几样。我也有固定的圣诞节专用饼干，像香草月牙饼干（Vanillekipferl）、胡椒蜂蜜饼干（Lebkuchen）和果酱夹心黄油饼干（Spitzbuben）之类。除了这些外，如果还有时间和精力再做一些，我想尽量做到每年挑战一个新品种。

今年试着做了一下很多年没有做的肉桂饼干（Zimtsterne）。只要加入足量的杏仁粉，再充分利用保鲜膜，实际操作起来并没有想象中的那么困难，饼干算是顺利完成了。我事先购入了

小星星模具也算是准备充分。肉桂星星饼干的成品大小合适，浓郁的肉桂风味和富有韧劲的口感吃起来十分美味。

肉桂饼干的星星形状并不是日本常见的五角星，按照传统，肉桂饼干应该做成六角形的大卫星形状。以前，要找到这种形状的模具很难，不过现在可以很方便地在网上找到。肉桂饼干成了我家圣诞节必备糕点队伍中的新成员。

一锅烩 12月18日（星期五）

今天有摄影工作，所以中午简单地吃一顿一锅烩(Eintopf)。一锅烩是一种食材丰富的汤。在德语中，"Ein"是"一"的意思，而"Topf"则是"锅"的意思。顾名思义，一锅烩就是把食材放到一只锅里一起煮出来的汤。在我的外祖父母家，每周六是固定的一锅烩日。

做一锅烩的基本食材是洋葱、芹菜、胡萝卜、土豆和培根。所有食材都切成骰子大小的方块，炒熟后加入清汤炖煮。如果要做大份的一锅炖，还可以加入扁豆、切成小块的猪肉和香肠等，再切一点碎欧芹撒上去作为色彩的点缀。

如今我常年生活在日本，一锅炖的食材也就选用身边常见的蔬菜。比如，萝卜、香菇、芋头和西蓝花等。番茄可以增加甜味，如果加一些在一锅烩中会更美味。需要管饱的时候，可以在汤里加入燕麦、大米和大豆，天气冷的时候再加少许马铃薯淀粉勾芡。当一锅烩里汇聚了各种各样的蔬菜之后，口感层次变得丰富，吃起来十分带劲。

配菜是冰箱里的裸麦面包。今天比较幸运，冰箱里还有Schomaker（东京大井町线大冈山站附近的一家德式面包店）的面包。于是，在葵花籽面包（含有葵花籽的百分百裸麦面包）上涂抹黄油，搭配一锅烩一起吃。

细腻的日本之美 12月19日（星期六）

大约15年前，有300多年历史的江户料理店"八百善"的第十代传人曾经教过我怀石料理的做法。由此，我才知道所谓的江户料理和如今在普通料理屋里可以吃到的京都料理并不相同。京都的水质清澈，所以京风料理注重体现食材的本色。但是，江户的水质不太好，所以喜欢给食材调味，如往料理中加酱油以加重食材的口味。比较一下两种料理的卖相，与注重突显食材本色的京都料理相比，江户料理显然要暗淡许多，甚至可以说是朴素粗糙的。然而，我的老师告诉我，做江户料理所耗费的时间是京都料理的3倍。

来参加怀石料理课堂的人中有很多是茶道老师或长辈。对于对和食一窍不通的我来说，光是在旁边看大家的手法就已经是一种学习了。生鱼片的切法、和食的装盘方法、季节食器等各种讲究都给我带来了不小的震撼，让我印象深刻。

我在八百善结识了三位年长的朋友，每两年我们就找机会聚一聚，其中一位朋友正在学习日本刺绣。今天，我正好去参观了有她作品展出的刺绣作品集体展览。

令人难以置信的是，刺绣的人要拥有多么精巧的手艺才能在真丝上不留下一点污渍，创造出如此精美的刺绣作品。色调上的轻微变化竟然能让整幅作品的气氛发生天翻地覆的转变，这一点也让我颇为惊叹。都说不同的年纪应该穿不同色调的和服，现在我终于有点明白其中的道理了。

圣诞晚餐　12 月 20 日（星期日）

今天，认识 10 年的老朋友托马斯带着太太来我家吃晚餐。今天的主菜依旧是烤猪肉（Schweinebraten）。由于反复做过多次，这道菜已经成了我的私房菜。往肉汁里加入朋友带来的

果酱，增添了甜味和少许鲜辣，使整道菜更加美味。我特意多做了一些配菜紫甘蓝炖苹果，因为这道菜放几天后会更好吃，所以事先预留了过两天自己家里吃圣诞晚餐时需要的量。

托马斯的出生地在我们夏天去过的博登湖附近。据他说，每次回家乡时，不是坐飞机飞到德国的机场，而是在苏黎世下飞机离家最近。过去，在他家附近的森林里有一家好吃的面包房，那里做出来的大个乡村布洛德面包（Landbrot）非常有名，大家都特地去那里排队购买。可惜的是，那家店的老板已经不在了。做面包是一项很辛苦的工作，每天都要起得很早，大概也没有人愿意继承这份工作。

如今，不管在哪个国家，需要耗费时间和精力的古法食品制作手艺都在渐渐地消失。从工厂流水线上生产出来的食品不仅卫生而且品质稳定、售价低廉，的确有不少优点。可是，近在咫尺的饮食文化、各个国家不同地区的饮食知识和智慧的消亡实在是太令人遗憾了。

圣诞饼干教室　12月21日（星期一）

今天的安排是圣诞饼干课程。裕儿子从新潟县坐第一班新干线过来帮忙。我一边喝咖啡一边思考着今天课程的流程安排。如果只是一个人做，肯定做不了太多的种类，如果大家一起做，就能做出许多成品让大家开开心心地带回家，所以我决定今天就贪心一点，和大家一起烤5种饼干。做准备工作的时间、烤饼干的时间、烤饼干的温度、冷却的时间、最后完工需要的时间等各种因素都要事先考虑好。

教学开始后，虽然出现了各种状况，如面团太稀、脱模不顺利、形状捏不好，但是大家有说有笑，玩得很开心。比起全副精神投入力求做出完美的饼干，我更喜欢能让大家开开心心地享受烘焙乐趣的课堂。

今天的饼干虽然不完美，但一定很好吃！

下午茶时间　12月23日（星期三）

　　今天邀请多年的老朋友来家里喝下午茶。因为外面天气寒冷，所以我给坐地铁来的亚纪准备好香料热葡萄酒，给开车来的香泡好果香浓郁的达乐麦耶"噼啪烈焰"红茶。桌子上摆好史多伦面包、数种饼干、鹅肝酱和生火腿卡纳佩，大家可以自由取用。我还特意不开灯，点上蜡烛制造气氛。

　　真是岁月静好。

圣诞礼拜　12月24日（星期四）

　　我们晚上7点要去五反田的德语福音教会参加圣诞节礼拜活动，所以今天的晚餐比平时稍稍提前了。下午4点，一家人就围坐在餐桌前。晚餐吃的是烤猪肉和紫甘蓝炖苹果。先生负

责开红酒。时间一到，全家人一起出门，但此时品川站已人山人海。

当我们抵达教会时，礼拜已经开始了。室外阴暗寒冷，但教会里面给人的感觉明亮而又温暖。趁着大家都在唱赞美诗的时候，我们悄悄地走进去。新教教会的圣诞夜礼拜，除了牧师的分享之外，还要唱大量的赞美诗。

对于德国人来说，圣诞节是和复活节一样重要的大节日。24日、25日、26日和日本的正月前3天一样，都是全民休假。除了人流量较大的车站、机场以外，其他场所在圣诞节期间禁止营业，街市一下子恢复了安静。大家在安静的环境中过节，是难得的时光。愿大家都能过一个宁静祥和的节日。

一走进教堂，马上被神圣的气氛感染。

鹿儿岛之行　12月25日（星期五）

从今天开始到正月，我将在鹿屋的家中度过。所以，把东京家里的圣诞节装饰品都收起来整理好，顺便检查一下冰箱里的食材。能冷藏的食材都塞进冰箱，不能冷藏的就带去鹿儿岛。然后，搭乘10点的航班前往鹿儿岛。

从机场驶往鹿屋的家，途中顺便去今天开始试营业的"Sarugga"店里看了一下。不少市政厅的人送来了开业祝福，整个店里一派热闹景象。店里的鹿屋女孩们穿着统一的围裙忙碌着，每一个女孩看上去都是沉稳细心的样子，很棒！

做年糕　12月27日（星期日）

今天早上9点开始做年糕，因为想把做好的年糕分送一点

给住在东京的亲戚，从鹿儿岛把年糕快递到东京需要花费两天时间，所以我决定提早把年糕做好。和淑子姐一起做年糕，两个人一边聊天一边干活，很幸福。

镜饼（像镜子一样的扁圆形年糕）给娘家一份、姐姐儿子家一份、自己家留一份，还有一份给工作厨房。另外，我们还要做 10 个加入杂煮（新年食用的一种放入年糕和菜、肉等合煮的汤）的小圆年糕。剩余的年糕做成平常炒菜吃的圆年糕。

吃完午餐，去赶今年的最后一个集市。出发！集市那边希望我今天也能出摊，但是家里要做年糕实在挤不出时间，所以今天以顾客的身份去赶集。我买了一杯咖啡后，在各家铺子前闲逛，和这家店主聊完再去另一家店接着聊。中途在某家铺子里发现了一只用非洲水草编织的篮子，"一见钟情"买了下来，打算放在玄关用来装拖鞋。当我向店主询问为什么非洲的篮子会跑到鹿屋来后，得到的回答是：一开始是从非洲引进乐器的，

看到非洲女人手编的篮子觉得不错就顺带着也一起进货了。嗯，听起来还是挺有道理的。

摘柚子　　12月30日（星期三）

　　我接到朋友的邀请："我家地里的柚子吃不完，你来摘一些吧！"于是，今天特意出门去摘柚子。我穿上长靴，带上篮子，并把手套和高枝剪也放到车上。到了朋友家的田里，发现已经有很多柚子掉落在地。我从树上挑了一些摘下，很快就装满了一篮。"我家还有一片橘子地，你可以去看看。"听朋友这么一说，我走过去一看，原来是一片边塚代代橘树。不过，这些橘子似乎不能叫边塚代代橘。鹿屋往南有一片地方叫边塚，很久以前那里就开始种植代代橘，在秋天收获绿色的果实。橘汁可以代醋使用。与柚子不同，代代橘果汁充沛，用来榨橘汁也很合适。

　　现在我所在的地方并不是边塚，所以这里种出来的橘子就不能叫作"边塚代代橘"，因为最近刚出台了地域冠名标识法。这是一种对某个地区多年来用特殊方法培育出来的高品质好口碑农产品进行名称和制作方法的注册保护制度。类似的做法有法国的 AOC 等级制度，如在日本也众所周知的香槟。在法国，只有在限定的香槟原产地用香槟的制造方式（瓶内二次发酵）生产出来的起泡酒才能称为"香槟"，在非原产地用香槟的方式生产出来的起泡酒只能称为"葡萄汽酒"，用英语表示就是"Sparkling Wine"。

　　2015 年 12 月 22 日，日本刚刚审查通过 7 种产品的地域冠名标识注册，其中有一种就是鹿儿岛产的坛酿黑醋。我想，随着这种新制度的实行，我们对于地域冠名的农产品的理解也会相应地产生变化。可是，我们到底应该把这种可爱的小黄果叫作什么呢？算啦，不管怎么称呼，总之边塚代代橘非常好吃！

在朋友的地里摘柚子，一转眼的工夫就把篮子装满了。

今年的最后一天　12月31日（星期四）

从北海道出发、以日本国土最南端为目的地穿过整个日本的登山家田中阳希先生这两天经过了我家附近的海岸。今年5月底，他从北海道出发，途中翻越200名山，最后一站是樱岛。今天，他又向日本本土最南端的佐多岬进发。从北海道一直走到鹿儿岛，这简直是难以想象的事！加油吧！

今年是在路上的一年。我春天去了德国，夏天去了欧洲，秋天去了泰国，剩余的时间在鹿儿岛和东京来回往返。

在生活中，主要把时间和金钱花费在什么地方，我觉着这主要是由国民的价值观决定的。如果是德国人，大概都把时间和金钱花在家和旅行上。在冬季漫长的德国，很多人喜欢把朋友请到家里聊天吃茶，心情愉悦的生活是永恒的主题。由于待在家中的时间比较多，德国人更乐意把时间和金钱花在器具和室内装饰品的维护保养上。

收入的另一项用途就是旅行经费。"假期去哪儿玩？"这是德国人常挂在嘴边的一句话。一年一次的三周连休对于他们来说是理所当然的事情。不过，德国人并不推崇豪华的旅行，他们喜欢节俭的悠闲度假方式，注重的是身心的休息调养。

　　今年，我也第一次像一个正宗德国人一样享受了假期。工作固然重要，放空自己，恢复活力也很重要。这一年的经历都会深深地印在脑海之中，感谢和每一个人的相遇。

今年夏天为期4周的假期之旅。利用iPhoto（苹果的图片编辑软件）的相册功能把去过的地方标出来，做成了地图。

January
February
March

1　2　3
月　月　月

恭贺新年 　1月1日（星期五）

以往的元旦，我们都是到大姐（丈夫的姐姐）家过正月的，今年换成他们一家来我家过节。这对于我来说也是一种锻炼。家里没有套盒，所以年节菜都是用盘子装的。这次的年节菜有自己动手做的，也有托人带来的，还有朋友送的，各种东西组合在一起。

今年，我自己做的是本地蔬菜烩、海带卷（里面加鲐鱼）、拍牛蒡和芋头炖日出胡萝卜。托人带来的是新潟县高田市的平八鱼糕（康吉鳗卷、鲑鱼板和扇贝大卷）。朋友送的有奈良的喜多女士的妈妈自制的腌萝卜，还有老爸分给我的咸鱼子。

年糕汤食材准备工作昨晚就提前做好了。鲣鱼片和海带煮汤，干香菇用水泡软，其他食材也准备妥当。水煮蛋和黄豆芽，还有点缀用的荷兰豆都先过水煮熟，鸡肉也提前切好。

筷子套和桌面装饰利用现有的材料完成。松枝和交让木用纸捻绳绑住，当作筷架使用。从自动贩卖机买来的做门松用的

松枝稍作修剪后插到花瓶里，花瓶下方用里白叶点缀，以德国白葡萄酒代替屠苏酒。

因为镜饼是供品，我觉得摆得高一点比较好，所以在四方形的白色蛋糕托盘上垫上里白叶，然后把镜饼放在上面，再加上交让木和代代橘做点缀。金鱼草切短后插在矮玻璃花瓶中，烧酒倒入萨摩切子小酒盅供起来。

处理柚子　1月2日（星期六）

虽然还在正月里，但是我前两天摘来的柚子还是尽早处理比较好，从上午开始就和大姐一起在厨房里处理柚子。首先把柚子充分洗净，对半切开后挖出果肉，然后切掉果皮上的疤痕，把柚子皮切成细丝。果肉加水一起煮沸，煮出果胶，完成这一系列处理后先把半成品放进冰箱。

正月料理的食谱　1月3日（星期日）

今天继续处理柚子。我们把昨天的半成品和白砂糖拌匀，做成柚子酸果酱，装进玻璃瓶。把年底时收到的金橘清洗干净，除掉果蒂，对半切开后挖掉核，并称一下重量。然后，将与金橘等量的白砂糖一起放到锅中，煮好后装入玻璃瓶。

大约10年前，我想买一本做年节菜的食谱参考一下，于是购入了土井义晴老师写的《节日料理》这本书。书中配图十分精美，每一个做菜步骤都配有插画大图，清晰易懂。以前我一直认为做年节菜是一件很困难的事情，但是看过这本书后，对年节菜的印象发生了改变。其实，最初的年节菜是为了延长保存期限而进行特殊加工的料理。同时，它还是一种利用多种食材的简单料理。我这才意识到，自己之所以认为年节菜很复杂，是因为在我的印象中年节菜必须有很多花色才行。

我把《节日料理》拿给淑子姐看，没想到她竟然有一本土

井义晴老师的父亲土井胜先生写的《正月料理》这本书。这简直太奇妙了！我们忍不住比对两本书的内容，真是有趣。

蜂蜜装瓶 1月4日（星期一）

今天把去年收到的蜂蜜进行装瓶处理。先把玻璃瓶洗净，放进烤箱烘干。待瓶子冷却后，再称量蜂蜜。把空玻璃瓶放到秤上，以 200 克为限，一点点地往瓶中倒入蜂蜜。可以一边倒一边读数：190、195、197、203……停！

蜂蜜是大自然的馈赠。蜜蜂采集的蜂蜜中含有大量的维生素和矿物质。因为是自然的产物，所以它在不同时间可能会呈现不同的颜色和口感，甚至有可能局部凝结。但是，蜂蜜完全不含添加剂也无须再加工。就是这样天然的蜂蜜不仅对人体有益，而且口感甘甜。和果酱一样，瓶装后的蜂蜜也不需要脱气处理。

开始新一年的采访工作　1月5日（星期二）

为了连载报道的采访工作，报社的文字记者和摄影师今天特地从大阪赶来。在我接受文字记者采访时，摄影师和我家先生则在阳台上就着炒花生喝茶。

午餐是事先准备好的螃蟹番茄意面和大豆蔬菜沙拉。螃蟹番茄意面是对年底收到的拟石蟹的蟹壳进行了重复利用。我先把蟹壳敲碎，将它和番茄罐头、大蒜、橄榄油一起倒到锅里，然后小火煮 30 ～ 40 分钟，煮好后过滤蟹壳。重新加热食用的时候，再加入蟹肉和生奶油。

晚上，先生朋友的太太正代女士招呼我们去她家吃饭。他们夫妇是我们在鹿屋认识最久的老朋友了。晚餐很丰盛，正月的传统菜当然不会少，不过今晚的主菜是洋白菜卷和披萨。在连续吃了多天和食之后，能吃到这样的主菜真是太让人高兴了。

早起先喝一杯水　1月6日（星期三）

我常年保持着起床后先喝一大杯水的习惯。如果手边有用剩的柠檬、柚子或者橘子之类的水果，就顺手挤一点果汁进去。味道清爽、气味宜人，我自然而然地就爱上了这种喝水方式。

昨天看到一篇新闻报道说目前正在研究香檬对冲绳地区百姓长寿的辅助作用。另外，几年前我在参加碱性食物讲座时也听到过这样的说法：很多日常食物会导致我们的身体内环境酸化，所以我们应该有意识地多摄入一些能让身体内环境恢复碱性的食物。对于我来说，简单地摄取碱性食物的方法就是每天早上喝一大杯加入橘子（或柠檬）汁的水。这种做法不仅让白开水更好喝，而且对身体也更有益。这种好习惯我今后也会一直保持下去。

去东京　1月7日（星期四）

整个跨年我们都是在鹿儿岛度过的，今天又要出发前往东京了。虽然计划一周后返回鹿儿岛，不过我还是把鹿屋家里的厨房和卫生间认真打扫了一遍。坐下午的飞机抵达羽田机场，然后和老爸一起去横须贺参加亲戚的守灵夜。

会计工作　1月8日（星期五）

12月底是公司做决算的时候，每年到了这个时候，我都会被会计工作折磨得焦头烂额。从今天开始，家里的餐厅变成了我的会计办公室，各种资料都摊在餐桌上，进行集中归纳整理。

整理房间，我算是内行，可是为什么整理起数字来就没有

那么顺利呢？面对积攒了一整年的材料，我不禁开始反思。看来，今年开始应该好好计划一下了。不管做什么事都应该一步一步来。

我逛花店时看到水仙花就买了一株回家，插在风信子花瓶里。水仙花叶的上半部分经过了修剪，所以不会因为重心不稳倒下来，插在这个花瓶里刚刚好。

网站工作碰头会　1月9日（星期六）

协助网店运营的雪子女士来东京了，所以我叫上网站的主管町田女士，三个人开了一个碰头会。平时我在东京，雪子女士在新潟，大家不在同一个城市，町田女士建议我们："要不要用 Skype 开会？"町田女士自己住在高知，和她一起工作的松岛女士则住在东京，听说他们常用 Skype（即时通讯软件）

碰头会的茶点是橘子酱馅的曲奇。

联络工作上的事情。

我说，每次试图用 Skype 联系大家，总是无法顺利连接，她们告诉我："是不是你的电脑和下载的软件版本不兼容？"于是，我赶紧下载一个和自己电脑匹配的版本，果然问题顺利解决了。看来，不管是多么小的问题，我们都应该向内行人士请教。

芭蕾语言　1月10日（星期日）

朋友的女儿美知留还在上高中就要和专业的芭蕾舞者一起登台表演，所以大家相约一同前往观赏。演出的剧目是《天鹅湖》。演出开始前，舞剧的导演先走上舞台，对芭蕾语言做了一番有趣的介绍。

芭蕾舞演出没有台词，主要依靠跳舞时的身体动作来表达，所以舞蹈过程中有很多包含特定含义的动作。比如，双手在头顶交替旋转的动作意指跳舞；往头上放东西的动作意指戴王冠；用右手指着左手伸出的无名指意指结婚。以前看芭蕾舞剧的时候也会自己猜想某个动作是不是代表着某种意思，直到今天才知道原来真的有芭蕾语言这种共通的表达方式。我们了解芭蕾动作的含义之后，对于整个芭蕾舞剧的理解更深入了，观赏的乐趣也增添了几分。

为厨房祈御守 1月11日（星期一）

虽然每年的跨年都在鹿儿岛度过，但是新年伊始早早地回到东京之后，有一个地方是一定要去的，那就是爱宕神社，步行大约需要30分钟。我们穿过鸟居，陡峭延伸的台阶呈现在眼前。保持一定的节奏，一步步慢慢地往上走，一边走一边数着

台阶数，每年都是一样的过程。登上爱宕山山顶后，充满喜悦的成就感油然而生。从山顶俯瞰，景色相当壮观。因为可以眺望整个东京，所以这里供奉的是保护江户免受火灾的防火之神。

爱宕神社的社务所上午10点开门，为了避免到时候人多拥挤，我们计划9点半达到山顶。先参拜，然后请火伏札。每次请两份火伏札，分别是用麦秆编辣椒、防止厨房发生火灾的灶神火伏札和保护家中免受火灾的荒神火伏札。今年我们在鹿儿岛多待了几天，所以这次的参拜有点晚，灶神火伏札和荒神火伏札都已经售罄了。询问社务所后，得到的答复是可以现在赶制后邮寄到我家。我们真是不胜感激。

家务计时　1月12日（星期二）

每天要做各种各样的家务。一边做一边想着"这里不整理

不行……""衣服一定要熨一下……"整个人变得越来越焦虑。每到这种时候，我都会给看起来比较费时的家务活计时。以熨衣服为例，先在旁边放一个计时器，然后和往常一样熨烫衣服。通过计时可以统计出熨烫一件衬衫所需的时间为5～10分钟。这就是说，只要能空出30分钟的时间，就能熨烫3～5件衬衫。

在德国，大家都有熨烫床单的习惯。每次一想到要熨床单就觉得太费劲了。但对熨床单所需时间进行计时后发现也不过10分钟而已。一旦明确了做某件家务所需的时间后，感觉做起来也没有那么费力了，这种心态的变化真是神奇。

咖啡时间　1月14日（星期四）

又到了每月一次和老妈一起逛美术馆看展的"文化日"。上个月因为挤不出时间没有成行，所以今天算是久违的母女时

间。两人尽情地闲聊，对于老妈的翻新计划，我也给出了建议和帮助。

妈妈家换了新的咖啡杯，于是我们在家享受咖啡时光。偶尔换一些新的小物件也能让人拥有好心情，真不错。

为什么会产生不同的思维方式？　　1月15日（星期五）

去年夏天去德国时，妹妹书架上一本名为 *The Geography of Thought* 的书引起了我的兴趣，于是拿来翻看了一下。这本书深入浅出地介绍了人与人之间思维方式的差异是如何产生的。

美国某所大学的心理学老师做了这样一个实验。他拿出一幅鱼缸图给亚洲学生和欧洲学生看，问他们："你们看到了什么？"欧洲学生说："看到大鱼在小鱼群中游来游去。"亚洲学生说："看到了小鱼群和周围的水草，还有在鱼群中穿行的大鱼。"亚洲学生把整个鱼缸的全貌描述了一遍。明明学生们看到的是同一幅画，为什么会产生这样不同的思维方式呢？

作者认为，之所以会产生这种现象，是因为各国不同文化的根源存在区别，也就是说，可以追溯到中国哲学与希腊哲学的区别。希腊哲学注重个体，而中国哲学则认为万物都与周围的事物相关联。在这里，并不是要讨论孰好孰坏，而是想表明在漫长的历史过程中，渐渐产生了不同思维方式的根源，并且一直影响至今。

虽然彼此都学习英语，试图对同一件事情发表意见，但是由于前提条件不同，自然也就无法顺畅地沟通。如果知道前提不同，也就能够明白会产生怎样的分歧。这是一大发现，也是一大乐趣，或许正是因为存在这样的差异，才使得世界各国人民之间的交流充满了乐趣。

我当时看的那本书是英文版的，现在已经引进出版日文版本。

富士山　1月19日（星期二）

　　我从羽田机场出发飞往鹿儿岛。今天坐的是右侧靠窗的座位。天气晴好，可以清楚地俯瞰地面的景色，所以我不时地朝窗外眺望。先是看到了风平浪静的相模湾，后来再次向外眺望时竟然看到了富士山。好开心！从空中俯瞰，富士山的形状与平时经常看到的照片不同，可以看到山顶大片的积雪，非常漂亮。

鹿儿岛也下雪　1月25日（星期一）

　　先生的泰国朋友皮特先生最近来日本游玩。本来我们计划邀请他来鹿屋做客，一起去野餐，在大自然中驾车兜风。谁知抵达鹿儿岛后吓了一跳，这里竟然已积起15厘米厚的雪。虽

然鹿儿岛偶尔也会零零星星下一点小雪，但是从没有积过这么厚的雪。既没有铲雪的铁锹，也没有无钉防滑轮胎，面对厚厚的积雪，大家束手无策。

尽管不能开车，但是待在家里也无事可做，于是三人决定外出吃午餐，顺便散散步。外面是一片雪白的世界，积雪的蜘蛛网美得令人惊叹，覆盖着一层雪的橘树和山茶树格外好看，我们途中还看到孩子们在兴高采烈地打雪仗，完全忘记了寒冷。

住在青森的武田曾经教过我堆雪人的方法：先捏出一个小雪球，然后在雪地上越滚越大，把两个雪球叠在一起，再切几样蔬菜充当雪人的眼睛和嘴巴。这里的雪太松散，我们费了很大的劲才滚出两个雪球，总算堆出一个小雪人。借用今天回国的皮特先生的名字，我们把这个雪人命名为"皮特君"，希望皮特先生回国的路上一路顺风。

香檬皮巧克力 　1月26日（星期二）

今天做了情人节要用的香檬皮巧克力。把朋友送的有机香檬剥皮，将皮煮熟后切成片，然后在上面均匀涂抹瑞士老牌巧克力商"妃婷"生产的黑巧克力，静置晾干后就大功告成了。

30秒搞定的午餐 　1月28日（星期四）

最近在写一本书，今天和这本书的编辑进行了很长时间的沟通。因为自己拖延了交稿时间，所以我想与其把时间花在做午餐上，不如用来写稿子，这样也能让我的编辑心里舒服点。所以，今天做了一顿非常简便快速的午餐。

昨天做晚餐时多煮了一些米饭，把多余的饭裹上保鲜膜，捏成饭团。因为现在是冬天，饭团放在常温环境就可以了（放

进冰箱的话会变硬）。到了午餐时间，我便将饭团撒上盐后用海苔卷起来，然后把真空速冻味增汤倒到碗中，注入滚水，并加入佃煮（用酱油、料酒和糖将鱼虾贝类、海藻等煮成的味道浓郁的海鲜食品）。另外，把芝麻菜洗净、沥水，加入少许盐、胡椒、香醋和橄榄油拌匀。不到一分钟，就把午餐准备好了。既填饱了肚子又能"取悦"我的编辑，真是两全其美。

风信子 1 月 31 日（星期日）

今年水培了 5 个风信子球根。5 个中有 2 个已经开花，但是叶子太长，让人头疼；还有 1 个没有拉长茎干就直接在叶子的缝隙间开花了；剩下的 2 个没有长出根须，我便把它丢掉了。

想多了解一些关于风信子的栽培技巧，于是找出在德国买风信子花瓶时附赠的书。书中详细地介绍了风信子水培失败的案例和原因：

1.如果球根没有长出根须，很有可能是水培之前的保存方法出了问题。如果把球根保存在潮湿的环境中，很容易长出根须，但是在刚长出一点根须时被转移到干燥的环境中，根须就会停止生长，并且再也无法重新生长。

2.如果花朵或叶子长得过高，可能是由生长期所处的室温不稳定导致的。

明年一定要让家里开满风信子。于是，我总结出明年种植风信子时需要注意的点：

1.在购买球根时要仔细挑选，避免买到那种已经有少许根须长出的球根。把球根放入花瓶开始水培前，需要一直保存在阴暗干燥的环境中。

2.室内温度降低后，把球根放入花瓶，先放置在阴暗低温

的场所（理想温度为6℃～8℃）。等到根须长到触及花瓶底部后，再把它转移到有光照的地方。

用玻璃茶壶泡草本茶　2月1日（星期一）

　　手头这把博登（丹麦制造）玻璃茶壶大概已经使用15年。起初，茶壶带有滤网和茶叶柱塞，但我觉得用不上就拿掉了。我只需要用茶壶本身。

　　这把茶壶专门用来泡色彩好看的茶，如达乐麦耶的冬季限量水果茶"噼啪烈焰"。那是一种混合了苹果、粉玫瑰、洛神花、肉桂和杏仁的水果茶，香气宜人。夏天可以入手各种各样的香草，我也会直接把薄荷叶或柠檬草放进茶壶用热水冲泡。

　　往浑圆的大玻璃茶壶中放入茶叶，然后注入滚水，茶叶一

下子舒展开来。在茶杯口架上茶滤，接着往玻璃杯中注入茶水，即可享用一杯香气四溢的热茶。

挑选日用品当旅游纪念品 2月2日（星期二）

环顾家中，发现有不少物件是在旅行途中带回来的。在外旅行时，对纪念品的选择和在东京买东西时没有什么两样。我喜欢逛古董市场、杂货店和当地的超市，但寻找的往往是能在日常生活中使用的日用品。

皂盒、托盘、饭勺、汤匙、笼屉、篮子，还有砧板。我看中的不一定是当地的民间工艺品，也有过去人使用的工具和生活杂货之类。那些能让我感受到当地人日常生活气息的物件最吸引我。而且，每次在家里使用这些旅游纪念品时，总会回想起旅行时的点点滴滴。

在越南旅行时购入的蓝白花纹小盘子放在洗脸台边充当皂盒。

整鸡炖菜 　2月3日（星期三）

看到超市里整只鸡打折出售，实在忍不住买了一只回家炖鸡汤。另外，还买了几样临近保质期的食品，这种食品经常会打折，很划算。

炖鸡汤其实很简单。需要准备的食材就是鸡、水、香味菜和少许增添香气的香辛料。把这些食材全部放到锅内，大火煮沸后撇净浮沫，然后用小火炖40～60分钟。

炖鸡汤时使用的香味菜和香辛料主要有洋葱、胡萝卜、芹菜、大葱、欧芹、百里香和胡椒。另外，还可以加入柠檬片、番茄、生姜、蘑菇柄等手头现有的食材。关于用量，基本可以根据自己的喜好调整，不过有一点需要注意：不要放入大量的胡萝卜，否则鸡汤口味会过甜。

煮够时间之后关火，连鸡带汤整锅静置冷却。这样可以使鸡汤中的鲜味充分渗入鸡肉。第二天早上，过滤冷却的鸡汤，扔掉

蔬菜和香辛料。将整只鸡切成小块后即可享用香喷喷的鸡肉。

鸡汤的使用范围很广，可以轻松搭配各种料理，如鸡汤面、杂烩粥、意式烩饭等。今天气温比较低，所以我决定做一锅炖菜。选用的蔬菜是当季时蔬，把带有春天色彩的绿色蔬菜和橙色的胡萝卜都事先焯水准备好。

要做炖菜，首先要做黄油面糊。黄油放到锅中加热融化，放入葱和香菇（用蘑菇也可以）一起煎炒。然后，加入面粉，并分次倒入鸡汤搅匀。待面糊搅拌到理想的浓度后，加入生奶油、盐和胡椒，如果觉得甜味不够可以加一点伍斯特沙司调味。最后，放入蔬菜和去骨去皮的鸡肉煮沸即可。如果你喜欢清爽的口味，也可以挤一点柠檬汁。

整鸡炖菜

● **材料（8人份）**

整鸡 1 只、洋葱 1 个、胡萝卜 1 根、芹菜 1 根、大葱 1 根、

香味菜切成小块，和香辛料一起准备好。

欧芹1根、月桂叶1片、百里香1～2支、胡椒5粒

（做炖菜时用到的配料）

胡萝卜1根、食荚豌豆8个、绿豌豆1包、结球甘蓝8个、香菇6个、大葱1根、黄油40g、面粉40g、生奶油100mL、盐和胡椒适量、伍斯特沙司适量

●制作方法

1.将鸡洗净后放入大锅，加入刚好没过整只鸡的水，中火煮沸并撇净浮沫。

2.切成小块的香味菜（洋葱、胡萝卜、芹菜、大葱）和百里香、月桂叶、胡椒一起放到锅中，沸腾后调成小火，煮40～60分钟。煮到时间后关火，静置冷却。

3.第二天早上，在碗中架上滤网，将锅内的汤过滤。扔掉蔬菜滤渣，鸡肉切块后去掉骨和皮。

4.胡萝卜切成小块，焯水。食荚豌豆、绿豌豆和结球甘蓝放入加盐的滚水焯一遍，然后冲凉水以保持新鲜的绿色，并沥

整只鸡放到锅中，加没过整只鸡的水。

撇去浮沫后加入香味菜。

干水分。

5. 制作黄油面糊。黄油入锅加热融化后，放入切成 4 瓣的香菇和 1 厘米长的大葱段煎炒。待香菇和大葱煮熟变软后，加入面粉翻炒，分次加入鸡汤，将面糊搅拌均匀。

6. 将已焯水的蔬菜和大块的鸡肉一起放到锅中加热。可以加入生奶油、盐、胡椒和伍斯特沙司等调味。

睡前看一集 TED 演讲　2 月 4 日（星期四）

收拾完晚餐的锅碗瓢盆后，难得有一段属于自己的宝贵时间。在这段时间里，我可以和先生聊天、上网查资料，也可以在网上看免费公开课或书等。不过，有时太过疲劳，没有精神看书，这时我就选择看一集 TED 演讲。TED 是 "Technology

Entertainment Design"的缩略语，TED 这家非营利机构每年都会在世界各地举办演讲大会。

来自学术、娱乐、设计等领域的人士就自己擅长的话题做演讲，演讲的视频可以在网上免费收看。不管是业界大咖还是无名之辈都通过一段 18 分钟的演讲传达自己的理念和想法。演讲的主题有哲学、科学、商业、艺术、难民问题、设计、太空、教育和幸福是什么等，涉及的领域相当广泛。

给我留下深刻印象的 TED 演讲主要是这几场：苏珊·凯恩的《内向者的力量》（*The power of introverts*）、肯·罗宾逊的《学校扼杀创造力？》（*Do schools kill creativity?*）和艾米·库迪的《姿势决定你是谁》（*Your body language shapes who you are*）等。演讲者把自己独到的见解压缩到短短的 18 分钟内，并用浅显幽默的语言表达出来。看完 TED 演讲后，观众们会大受鼓舞，暗下决心告诉自己也要加油。

衬衫的颜色　2月5日（星期金）

今天要上料理课。昨天已经提前想好了穿什么，所以今天不用为了选衣服而头疼。最近气温较低，所以下装穿长裤搭配一双平底靴。由于上课时要系围裙，上装选择的是行动方便的衬衫。

以前的某次摄像经历教会我一件事情。当时，我在录制一期电视节目，在拍摄料理的过程中，导演突然喊停，我一时困惑不解。后来才知道原来是有一根细小的蓝色毛丝粘在了食物上。那根毛丝是从节目组的工作人员穿的毛衣上飘下来的。

在家里做饭不要紧，但是在公共场合做饭时，我们就要特别注意自己的着装。棉麻材质的衣服即使在做菜过程中沾染上污渍也容易清洗，而且织物表面纤维较短，是最理想的选择。所以，厨师工作时会穿以棉麻材质为主的厨师服。

我一直是穿衬衫上料理课。今天穿的是我很喜欢的藏蓝色衬衫，但是在上课途中突然发现这个选择太失败了。由于紧张

出汗，藏蓝色的衬衫上出现了几片汗湿的痕迹。各位，真是抱歉，是我疏忽大意了。按照规定，参加温布尔登网球公开赛的选手只允许穿白色的比赛服。这是为什么呢？答案就是白色的衣服即使出现汗湿的情况，痕迹也不明显。我们以后选择衣服的时候可以参考这一点。

小小的礼物　2月6日（星期六）

我的朋友亚纪是一个送礼物的高手。她送给我的礼物常常是一些既实用又有设计感、体积小巧又能给人惊喜的物件。我也不知道她是在哪里找到的这些小礼物。

由于受邀成为驻地艺术家，亚纪曾在农村生活了好几年。每次晚上回家的时候，因为周围太昏暗，她老是找不到家门的钥匙孔，为此头疼不已。因为这个契机，她设计了一款可以挂

在钥匙扣上的小 LED（发光二极管）灯。"在鹿儿岛也用得上吧？"把小灯送给我的时候，她这样说道。小 LED 灯真是非常好用！

我们在挑选礼物的时候，与其选那种人人喜欢的物件，不如设想一下对方需要什么，再决定自己要送什么。比如，如果是去探望忙着带孩子无暇做饭的朋友，那么带上几样小菜要比买糕点实用得多，烩饭食材和鱼松佃煮都是不错的选择。

玄关的一角　2月8日（星期一）

在搬迁频繁的我们家，有好几张不太占地方的小桌子。搬家前一直充当床头柜使用的小桌子现在被安放在玄关的一角。

桌子的小抽屉里收纳着寄快递时要用到的物品：快递单、圆珠笔、胶带、小刀和剪刀等。桌面上摆着从巴黎古董店里淘

来的小盒子，签收快递时要用的签名章就放在这个小盒子里。

当务之急是什么？　2月9日（星期二）

虽然我早上下定决心今天要抓紧时间好好写稿子，但是不知不觉就被其他事情干扰，写不了多少字。

"中午大家要来吃饭，必须想想做什么菜。冰箱里还有朋友送的螃蟹，要不做一个杂烩粥？那要把米饭先解冻一下，啊，家里还有葱吗？"

"啊，先生的朋友晚上要来家里玩，怎么招待？"

"对了，就做番茄意面吧，再把洋葱和土豆放进烤箱烤一下，挺方便的。然后，芝士和红酒家里都有吗？……"

就这样东想西想一眨眼一个小时就过去了。不行，我必须想办法改掉这个毛病。

"What is urgent is not always what is most important." （紧急的事情不一定是最重要的事情。）这是老妈经常挂在嘴边的一句话。我特意在网上搜了一下，发现了美国第34任总统德怀特·戴维·艾森豪威尔说过的一段话：

"I have two kinds of problems, the urgent and the important. What is important is seldom urgent, and what is urgent is seldom important."

这段话的意思就是："重要的事情很多时候并不紧急，紧急的事情大多数不重要。"

同时，我还学习到一种可以帮助我们理顺事情优先次序的埃森豪威尔法则（四象限法则）。具体来说，就是：画一个十字，分成两纵两横4个象限，从左上象限开始从左往右依次标记为1～4象限；把待办事项按照不同的重要和紧急程度分别填入相应的象限，从而决定自己的行动顺序。

原来如此，我只需做这样简单的整理归类，接下来该做什

	IMPORTANT	NOT IMPORTANT
IMPORTANT	DO NOW (FIRE)	SCHEDULE (VACATION)
NOT IMPORTANT	DELEGATE (MEETINGS)	DO LATER (TIME WASTER)

么不该做什么就一目了然了。

1. 重要且紧急（important and urgent）

行动……必须马上自己处理。

2. 重要不紧急（important but not urgent）

行动……给自己设定一个时间，稍后处理。

3. 紧急不重要（not important but urgent）

行动……委托别人去做。

4. 不重要不紧急（not important and urgent）

行动……删除取消。

德国酸菜　2月10日（星期三）

收到吉田先生自己种的卷心菜后，我把它做成了德国酸菜

（Sauerkraut）。"Sauer"在德语中是"酸"的意思，"Kraut"

用咖啡罐头代替镇石。

则是指"卷心菜"。在日本也有翻译成"醋腌白菜"的，但其实这种酸菜并不是醋腌的，而是把卷心菜搓上盐后，让乳酸自然发酵而成。一直到二战前，德国人都是在卷心菜大丰收的秋天做好酸菜，到了冬天蔬菜不足的时候再拿出来享用。酸菜一般是做成沙拉或加到炖菜里。

做德国酸菜的食材和方法都很简单，没有特别详细严苛的要求，做的过程中尝一下味道，酸味出来了就说明做好了。

德国酸菜 Sauerkraut

●材料

卷心菜 1 个、盐（约为卷心菜重量的 1.5% ～ 2%）、月桂叶 1 片、葛缕子 1 小匙、杜松子 2 ～ 3 粒

●制作方法

1. 准备 1 个容量 1L 的玻璃瓶，煮沸消毒。拌卷心菜用的大碗也用热水消毒。

2.卷心菜充分洗净，擦干水，切成丝后放入大碗，加盐轻轻揉捏，然后加入调料拌匀。待卷心菜出水后，装入玻璃瓶，菜叶渗出的汁水也一起倒入。为了避免卷心菜接触到空气，我盖上了一层保鲜膜，然后压上重物。卷心菜发酵后可能会有菜汁溢出，所以事先把瓶子放在方平底盘中。在18℃～20℃的环境中发酵5天，然后转移到10℃左右的环境中静置2～3周，让酸菜熟化。做好的酸菜可以在冰箱里保存一年。

春的消息　2月11日（星期四）

虽然外面天气寒冷，但我还是决定出门透透气。我穿上短羽绒服，戴上围巾和无指手套，步履轻快地出发了。今天走的还是往常的路线，在每次必经的交叉路口等信号灯。抬头看到

春天绿叶茂盛、秋天满树金黄的银杏树已经变得光秃秃的，不剩一片叶子。我呆呆地看了一会儿，忽然发现远处有一片薄薄的粉红色。是什么呢？哦，我想起来了，这座公园里有一片梅花园。于是，我调整路线向梅花园进发。白色、淡粉色、深粉色，各色梅花陆续盛放，春天的脚步已经临近。

绿色花瓶　　2月12日（星期五）

风信子花瓶的颜色和形状多种多样，有人工口吹成型的、模具吹制的，还有机器压制的，等等。年代久远的玻璃花瓶要么常常含有气泡，要么花瓶口的褶皱弯曲不平，每一个花瓶都有独特的个性，光是观赏外形也有很大的乐趣。

风信子花瓶在冬季用来装球根养风信子，其他季节可以单独摆放作为一种装饰品，也可以当作普通的花瓶使用。在使用

过很多种颜色的花瓶之后，我发现还是绿色的花瓶最百搭。绿色是植物叶子的颜色，不管在绿色花瓶中插入什么颜色的鲜花，都能和谐地相映成趣。

厨房手套　2月13日（星期六）

时隔一年又来东京玩的朋友提出想去重装后的银座伊东屋看看，于是我们先上顶楼打算一层一层往下逛。没想到的是，原本出售文具的6楼装修后变成了销售杂货的楼层，里面有不少厨房用品。似乎在寻找某样东西的友人大叫一声"找到啦"，眉开眼笑。一看，原来是一副橘黄色的厨房用橡胶手套。她似乎找了很久，跟我介绍说这副手套非常结实耐用，而且不会打滑。我试戴了一下，果然摩擦系数比较高，并且带有防卷边设计，十分好用。

收紧背部和腹部

　　我知道坚持运动对于保持身体健康来说十分重要，可是，我天生就是一个运动神经不发达的人，进入社会后坚持时间最长的一项运动就是上了两年的普拉提课。在普拉提课上学到的两件事情至今都会在日常生活中运用。

　　一件是在年底时，那段时间我忙着做史多伦面包，去上普拉提课时，老师对我说："你的肩膀很僵，如果揉面的时候一直肩膀用力会让肩膀变得僵硬，下次试试用背部的力量。"另一件就是老师在上课时常说的一句话："腹肌用力。"

　　想要保持挺拔的站姿和坐姿，首先必须挺胸收腹，腹肌用力。支撑整个人身体的是躯干，所以增强腹背力量是最基本的要求。

　　我们可以把零星的碎片时间利用起来，如刷牙、吹头发时，可以同时收紧腹背肌肉，尽可能地抬高手臂，调动背部肌肉，同时腹肌用力收紧。坐在浴室的椅子上单手拿着淋浴器洗澡时，也可以尝试背部用力的姿势，并保持收腹。优美的体态都是靠这些零碎的小努力积累而成的。

无须揉面的锅烤面包　　2月17日（星期三）

很久没有烤面包了，今天总算烤了一回。我做的是最近很热门的锅烤面包，根据配方就能简单地做出美味的面包。在附近没有面包房的鹿屋，我希望能尽快熟练掌握这种做法，于是今天开始练手。

这种面包的配方是由纽约的面包烘焙坊"Sullivan St. Bakery"的店主吉姆·拉希（Jim Lahey）发明的，被美食作者撰文发表在2006年11月8日的《纽约时报》后轰动一时。这个配方不固定面粉和水的用量，更换面粉种类也无妨，在英语中被称作"forgiving"（宽容）配方。而且，无须花费时间揉面就能烤出美味的面包。

重点是在锅里烤面包。在家中烤面包，最难的是控制好让面包充分鼓起的温度和湿度。如果烤箱内部湿度不够，面团放进去的一瞬间就会在表面留下焦痕，面团也不会鼓起来。所以，我在家里用烤箱烤面包时，会用给面团喷水、往烤盘里洒水创造蒸汽等办法增加烤箱里的湿度。但是，这样做又会导致烤箱温度下降。能解决这个难题的就是锅，最好使用铸铁锅。预热烤箱的时候就把铸铁锅放进去提前加热。然后，把水分充足的面团放到锅中，盖上锅盖，这样就能把面团水分蒸发的湿气锁在锅里使得面团的表面不会变硬，同时通过铸铁锅传导的高温把面包烤得膨松。待面包在锅中鼓起后，揭去锅盖，让表面上色。

还有一点十分关键，那就是留出足够的发酵时间。普通的面包配方要求的发酵时间一般为 1 ～ 2 小时，但是这个配方要求留出至少半天的发酵时间。花长时间发酵的面团更能烤出小

麦粉的香气，所以特别推荐使用当地小麦粉做锅烤面包。把面团静置在阴凉的场所（夏天的话放在冰箱里）发酵，酵母的使用量要小，发酵的时间要足够长。

···

无须揉面的烤面包 No-Knead Bread

● 材料（可烤 1 个大乡村面包）

高筋面粉 430g、盐 8g、干酵母 1g、水 350mL、干粉适量

● 制作方法

1. 高筋面粉倒到大碗中，加入盐和干酵母搅拌均匀。然后，加水并用橡胶刮刀之类的工具充分搅拌，直到面团湿润柔软为止。和好的面团以湿润发黏为宜。用保鲜膜包裹面团，在室温环境下发酵 12～18 小时（我是在傍晚揉好面开始发酵的，第二天早上起床后就捏好形状烤起来）。

2. 如果看到面团表面有气泡就好了。在案板上撒一些干粉，

把面团放在上面。手上沾粉，缓缓地向上拉伸面团右侧，然后折向中间。左侧和正反面也依次做一遍。

3. 在容器中垫上麻布，撒一遍干粉（烘焙粉也可以），把步骤 2 中的面团折叠部分朝下放进容器。为了避免面团表面干燥，铺上一块湿布。然后，室温环境中继续发酵两小时。

4. 提前 30 分钟启动烤箱，230℃预热。铸铁锅也先放进去一起预热（请事先确认手头的锅是否能在烤箱中加热使用，尤其是把手的部分）。

5. 预热结束后，从烤箱中拿出铸铁锅，把步骤 3 中的面团放到锅中，用小刀在面团表面划两刀。然后立即盖上锅盖，将铸铁锅放入烤箱，烤 30 分钟。到时间后揭去锅盖继续烤 15 ～ 30 分钟，让面包上色到自己喜欢的程度。最后，把面包转移到网架上静置冷却。

什么是有助于健康的饮食？ 2月19日（星期五）

我常常听到这样的说法：和食对身体有益，西餐对身体有害。我就很喜欢和食，也认为和食对身体有益，但是对于这样的说法还是有点抵触。

要讨论西餐是不是对身体有害，关键要看对西餐的定义是怎样的。汉堡加薯条，烤猪排加芝士球，如果是这样的西餐，那我也认为它不利于身体健康。但是，即使是吃和食，如果一味地吃天妇罗、牛肉火锅、拉面加寿司（含有鲑鱼子、海胆、干青鱼子）、炸猪排饭这类的食物那也并不健康。

所以，是和食还是西餐并不重要，重要的是选用什么食材，怎样营养均衡地搭配食用。和食中的一汤三菜从荤素搭配和食材花色的角度来说是一种有助于健康的饮食——蔬菜足量又不加油的炖菜、鱼类料理、低卡路里且富含矿物质的海藻类、补充植物蛋白的大豆制品，还有传统的发酵食品，这些都对健康有益。但是，我们一不留神就会摄入过量的盐和糖。

自己动手，也能做出健康的西餐。把各种当季时蔬做成沙拉，搭配煎三文鱼和裸麦面包；加入足量蔬菜的煎蛋卷搭配绿色沙拉；烤鸡肉加上配菜胡萝卜和青豆。早餐的话，可以选择时令水果加酸奶，再加上木斯里麦片或格兰诺拉麦片（不含糖），简单的搭配就能做到营养一百分。

有助于身体健康的饮食，由当季的新鲜食材简单加工而成，尽量避免使用加工食品。水煮、煎炒，然后试味、加入喜欢的调料调味即可，而不需要复杂的制作方法。

吃饭的基本目的就是填饱肚子，维持健康，活得长久。当然，还有一项重要的作用就是促进家人朋友之间的情感交流。

手织手套 2月20日（星期六）

去年在福冈县办讲座的时候，以前参加过我在东京家中开的料理课的吉本女士也到场了。我们俩已经很久没有见面，看到她元气满满的样子，我也感到很欣慰。吉本女士说有礼物要送给我，原来是一副亲手编织的无指手套。手套的颜色和纹样都很漂亮，天气一冷我就满心欢喜地戴着它出门。

手套的纹样十分考究，从头到尾竟然只用一股毛线编织而成！按照吉本女士的说法，用一股毛线织着织着就自然地织出花纹来了。

添置一枚胸针 2月27日（星期六）

我一直认为，洋装要尽可能简单，无须任何装饰，用围巾

做色调上的搭配就行。但是，在看过淑子姐收藏的胸针后，想法发生了一些变化。

在欧洲的古董市场闲逛时，可以找到各种各样的胸针。有的用高级天然宝石做成，有的用简单的人造水晶做成，花色各式各样。每次一有机会就静下心来慢慢挑选，我也开始变得喜欢在自己的行头里添置胸针，终于体会到在款式简洁的连衣裙胸口或领口点缀一枚闪亮的胸针是一种怎样的乐趣。

把有点分量的胸针别在薄质洋装上时，一般要多扎一个孔才比较牢固。如果这样还不放心，可以先在衣服内侧垫一小块毛毡，再把胸针别上去。

一支钢笔　3月5日（星期六）

刚工作的时候，老爸送给我一支万宝龙的钢笔。我一直收

着没用，直到最近才开始拿出来用。我特意带着钢笔去文具店询问清洁钢笔的方法，顺便买了墨水。我喜欢的墨水颜色是午夜蓝，虽然不是黑色，但是一种接近于黑色的深蓝色。

我是在德国开始上小学的，孩子一上小学就要买钢笔，这是德国人的习惯。然后用钢笔认认真真地练习写字。像百利金（Pelikan）和凌美（Lamy）这样的钢笔品牌在当时就已经生产专供学生使用的钢笔。我还记得上小学的时候，家里的大人给我买了一支蓝色的百利金钢笔。每天放学后回到家，第一件事就是在画有铅格的小黑板上抄写老师当天教的课文，抄完五遍后，再用钢笔誊写在笔记本上。这和日本的字帖练习有点相似。

当我回想起小时候的练字场景时，就会再一次认认真真地练习写字。

去鹿儿岛　3月7日（星期一）

今天又去鹿儿岛。从机场开车回家，途中先在"马德里咖啡馆"买了咖啡豆，然后为了买吉田先生的有机蔬菜又跑了一趟"Sarugga"商店。在当天能买到什么，晚餐就吃什么。

喜悦的来信　3月9日（星期三）

每次收到读者来信时，心里总是紧张不安。但我更想了解他们对我的书的感想。紧张归紧张，更多的还是喜悦。读者的感想和意见有助于拓宽我的思路，也是我继续努力工作的动力。

在这些来信中，有一封信给我留下了特别深刻的印象。根据信中所述，写信人是我的大学前辈，她对于厨房里的大小事情都不太擅长。看完我写的书后，她把餐桌周围物品整理得井井有条，真是令人高兴的消息。但是，做菜对于她来说仍然是一大难题，所以这方面暂时还没有进步。

针对这封来信，我真诚地做了回复："为什么讨厌做菜？是因为不知道该做什么菜吗？还是单纯地不喜欢做菜这件事？或者是讨厌饭后收拾洗碗？如果能找到自己讨厌的点在哪里，那么也就能更容易地找出解决对策。假设你是因为想不出菜品而头疼，那么不如让家人来提出想吃什么，或者提前一周就开始动脑筋，想到什么菜就记下来。如果你讨厌饭后要收拾洗碗，那么不如咬咬牙买一台洗碗机……"可是，我的回信发出去后，很久都没有回音，不禁心想，大概是因为对比自己大的人多嘴，失礼惹对方生气了。

就这样过了两个月，终于收到一封令我倍感欣慰的回信。对方告诉我，她从来没想过为什么讨厌做菜，固执地认为自己讨厌和做菜有关的一切。然后，当她站在厨房里认真思考到底为什么之后，发现有一部分原因是因为菜刀钝了。请人把菜刀磨锋利后，发现做菜好像也没那么讨厌了。然后，下定决心把平时图方便随手放在餐台上的东西彻底清理一遍，感觉整个餐台的空间都变大了，做起菜来也更得心应手。另外，要想菜品也是让她讨厌做菜的一个重要原因，接下来会好好想一下解决方法。

当你面对自己不擅长或是讨厌的事情时，先停下来，用自己的方式做一下分析，事情就会变得轻松一些。通过自问"这是为什么？"发现一个"洗心革面"的自己，问题也就迎刃而解了。

桶柑的季节　3月10日（星期四）

又到了我最喜欢的水果桶柑的收获季节，公公的老朋友前村先生是种植桶柑的农家，家里有一大片桶柑果园。我们

常常和公公一起去前村的果园摘桶柑。在园子里填写快递单，把新鲜的桶柑作为季节的礼物寄送给平时对我们关照有加的朋友们。

开车行驶在田间，发现到处是一片金黄色，又到了油菜花盛开的季节。春天终于来了。

后　记

其实，我一直没有写日记的习惯。人生中会发生许许多多的事情，每天忙着处理眼前的事情都来不及，就算写了日记自己也不会再抽出时间去看。话虽如此，最近经常听到身边的朋友说"5年日记很方便！"我也忍不住对日记这回事燃起了一点兴趣。对种地的人来说，5年日记的作用就显得尤为重要了。去年、前年的这个时候，种了什么苗？当时的天气情况怎么样？后来收获了什么？……以往记录的这些信息对于安排今年的田间工作具有很大的参考价值。

没想到因为要出这本书，我也有机会开始写日记了。"啊，今天写不出了，从来没写过啊，写不下去了……好麻烦！"

整个写作过程中，我无数次产生过这样的念头。其实，编辑提出这个选题已经是两年前的事，而最近这一年，我终于能把自己经历的大小事情和所思所想记录下来。然后，拜托八木先生为日记配上美丽的照片，最后的整体效果让我大吃一惊。由于这本书的内容是由我的日记构成的，所以都是一些自言自语似的拙劣文字。不过，现在回过头来重新看一遍，连我自己都觉得挺有意思的。原来我是这样度过每一天的，觉得自己总算可以从略微客观的角度看自己了。明明是自己写的文章，或许是因为随着时间的流逝，回头再看时却有一种在窥视别人生活的感觉。

前几天，我收到了弟弟寄来的照片，上面还附着一句话（在路过寺庙的时候发现上面写着一句很不错的话送给你）：

"有一个人是你穷尽一生都无法逃避的，这个人就是你自己。"

古希腊格言中也有类似的一句话——"Know yourself"（了

解你自己）。每个人对于自己的了解程度其实都低得出奇。偶然地后退一步，或许可以重新审视自己。

　　面对必须要做的事情时，我当然会竭尽全力，但同时也会留出时间让自己调整放松。一路走来，感谢许多朋友的帮助，我希望今后也能继续按照自己的步调生活。

　　　　　　　　　　2016 年 3 月　门仓多仁亚